Peter Berthold
Gabriele Mohr

Vögel füttern, aber richtig

Das ganze Jahr
füttern, schützen und
sicher bestimmen

KOSMOS

Füttern macht Freude

Was ist es für eine Freude für Alt wie Jung und gerade auch für viele, die nicht mehr weit in die Natur hinauswandern können, im Winter in der warmen Stube zu sitzen und draußen am Futterhaus einer bunten Schar unserer gefiederten Freunde zuzuschauen und sie zu bestaunen, wie sie behände klettern, sich kopfüber an Meisenknödel oder Erdnussspender hängen und sich gütlich tun. Wenn man so viele von ihnen auf einmal sieht – all die verschiedenen Meisen, Finken und Ammern, Kleiber und Buntspecht, Rotkehlchen und Heckenbraunelle, vielleicht auch die anmutige Türkentaube und im zeitigen Frühjahr die ersten Stare –, dann kann man sogar für eine Weile vergessen, wie entsetzlich unsere einst so herrliche artenreiche Vogelwelt inzwischen in unserer gebeutelten Natur zusammengeschrumpft ist. Und Freude kommt auf, wenn man sich vorstellt, wie die in eisiger Kälte lebenden Vögel das von uns angebotene Futter dankbar annehmen als Ersatz für das, was wir ihnen in unseren ausgeräumten Landschaften an Nahrungsgrundlage inzwischen alles weggenommen haben, und dass sie gottlob auch mit unserem Ersatzfutter gut durch die bitterkalten Winternächte kommen können.

Für viele von uns gänzlich unverständlich ist in letzter Zeit die Vogelfütterung so manchem recht vermiest worden durch Behauptungen, sie sei nicht nur unnötig, sondern häufig sogar bedenklich oder gar tödlich gefährlich. Das hat viele gutherzige Menschen sehr verunsichert und große Ratlosigkeit hervorgerufen. Nun hat mein Freund und Mitstreiter in Sachen Naturschutz, Prof. Dr. Peter Berthold, sich der Sache angenommen. Als ehemaliger Direktor des Max-Planck-Instituts für Ornithologie, der Vogelwarte Radolfzell, ist er wie kaum ein anderer dazu berufen, die Probleme der Vogelfütterung zusammen mit seiner Frau ins rechte Licht zu rücken, zumal sie sich u. a. jahrzehntelang mit der Ernährung unserer Vögel, ihren Bestandsveränderungen und vielen praktischen Vogelschutzfragen intensiv beschäftigt haben. So ist ein wunderbares Buch entstanden, das auf den heute verfügbaren wissenschaftlichen Grundlagen aufbaut und klar und eindeutig zeigt:

Vogelfütterung – sowohl als Winterfütterung und besser noch als Ganzjahresfütterung – leistet, wenn sie verantwortungsvoll durchgeführt wird, einen überaus wertvollen Beitrag zum Vogelschutz und zum Erhalt unserer Artenvielfalt! Deshalb wird die Heinz Sielmann Stiftung künftig auch die Vogelfütterung nachhaltig fördern und unterstützen.

Der vorliegende Ratgeber möge zweierlei bewirken: zum einen gutherzige Menschen in ihrem Bestreben, Vögeln durch Fütterung zu helfen, von ihren guten Taten wieder voll und ganz zu überzeugen und zum anderen für die Vogelfütterung und über sie viele neue Freunde der Natur zu gewinnen, damit wir das noch Vorhandene davon gemeinsam nachhaltig schützen und vielleicht sogar wieder vermehren können.

Vorwort von Heinz Sielmann (1917–2006) zur 1. Auflage dieses Buches, 2005.

Ein Plädoyer fürs Vögelfüttern 4

Vögel füttern in der Praxis **8**
Vögel füttern! 8
Die Vögel werden weniger 10
Ein Paradebeispiel: der Haussperling 13
Zufüttern als notwendige Verpflichtung 15
Die Geschichte der Fütterung 16
Und was doch nicht dagegen spricht 18
Die Wissenschaft gibt uns recht 20
Viele neue Forschungsergebnisse – durchweg positiv 27
Die Praxis: Anlage von Futterstellen zur
Winterfütterung 29
   Mit welchen Arten und wie vielen Vögeln ist
   zu rechnen? 29
Die Futterspender 34
   Das ideale Futterhaus 35
   Die Tränke 36
Die geeigneten Futtermittel 37
Vorausplanung und Vorratshaltung 42
Wann und wie lange füttern? 45
Wenn Vögel von der Futterstelle wegbleiben 47
Blitzblank – muss das sein? 49
Die Ganzjahresfütterung 50
   Futterverbrauch im Jahreslauf 54
   Nützliche Tipps für die Urlaubszeit 55
   Rechtliche Grundlagen der Wildvogelfütterung 56
Was ist wichtiger – Winter- oder Sommerfütterung? 57
Musterbeispiel für angepasste Futterstellennutzung:
der Star 59
Verwilderte Haustauben und frei lebende Wasservögel 61
Kranke oder tote Vögel – was tun? 63
Ergänzende Vogelschutzmaßnahmen 65
   Der vogelfreundliche Garten 65
Fazit und Ausblick 69
   Wie geht es weiter? 73

Vögel an der Futterstelle
Die Futterstellenbesucher im Porträt **74**

Literatur 105
Quellen für Futtermittel und Futterspender 107
Register 108

Ein Plädoyer fürs Vögelfüttern

„Vögel füttern, aber richtig" ist mit weit über 100 000 verkauften Exemplaren sowie Übersetzungen ins Polnische (2008) und Holländische (2010) innerhalb von nur sechs Jahren nicht nur zum Best-„Seller" geworden, sondern v. a. auch zu einem Best-„Maker": Es hat seit der Erstauflage 2006 und ihrer erweiterten Form 2008 zunächst einmal dafür gesorgt, dass auch in Deutschland Millionen von frei lebenden Vögeln wieder ordentlich mit Futter versorgt werden – der schönste Erfolg.

Darüber hinaus hat das Buch auf fünferlei Weise den Vögeln mehr und dauerhaft dringend notwendige Hilfe gebracht, nämlich:

Erstens durch eine nach seinem Erscheinen schlagartig einsetzende bundesweite Diskussion über das Füttern frei lebender Vögel, die Hunderttausende von Menschen erfasst hat. Allein die Internet-Suchmaschine Google bezifferte bis Ende 2007 über 400 000 einschlägige Links. Dabei ist nach anfänglich nicht wenigen emotionalen Entgleisungen und irrwitzigen Behauptungen inzwischen wohltuende Versachlichung eingetreten – sehr zum Nutzen unserer Vogelwelt.

Zweitens haben nach den tagtäglich bei uns eingehenden Mitteilungen ebenfalls Hunderttausende Menschen nicht nur ihre Winterfütterung wieder stark belebt, sondern inzwischen auch Ganzjahresfütterungen eingerichtet – mit meist großem Erfolg für Heerscharen von Vögeln und begleitet von viel Freude.

Es wäre sicher reizvoll, einmal in einem Fotowettbewerb festzuhalten, welche Akrobatik Buntspechte und andere Arten zum Futter führt.

Drittens unterstützen mehr und mehr Mitstreiter die gute Sache der Zu- und v. a. auch der Ganzjahresfütterung durch vielerlei Aktionen, seien es „Einzelkämpfer", regionale und überregionale Vogel- und Naturschutzverbände, Schulen oder auch Futtermittelhersteller und -anbieter. Herausragende Beispiele sind: das Buch von Lohmann 2007[1], in dem wie von uns lückenlose Ganzjahresfütterung propagiert wird, die „vielen Arten eindeutig nützt", sowie zahlreiche Fernsehproduktionen zum Thema, ganz besonders ansprechend der Film „Vögel füttern – das ganze Jahr" (Santec Media GmbH, www.santec-dvd.de), Hunderte von Rundfunkreportagen, Interviews und Zeitungsartikel. Highlights sind die ganzseitige Reportage in „Die Welt" vom 20. 1. 2010 über „Unsere gefütterten Freunde" von Michael Miersch, mit der Aufforderung „Füttern, füttern, füttern!" auf der Titelseite, oder eine Artikelserie von 30 (!) Berichten rund ums Zufüttern unserer frei lebenden Vögel im „SonntagsReport", der Wochenzeitung für den Landkreis Leer, in der 2010/11 – veranlasst von Gerd Schierhold, GEVO GmbH – sowie die umfangreichen Berichte „Ganzjahresfütterung von Wildvögeln" im „Das Branchenforum Zoo & Garten" 09/2011, initiiert von Engelbert Kötter, und ebenfalls „Ganzjahresfütterung" als Schwerpunktartikel im „Zoologischer Zentral-Anzeiger" 10/2011. Auch zwei neue Naturführer (Egidius 2011[173], Haag 2010[174]) propagieren die Zufütterung rund ums Jahr, ebenso eine Kampagne, die zz. bei www.naturgucker.de läuft.

Viertens verzeichnen praktisch alle wichtigen Vogelfutterhersteller und -vertreiber deutliche Umsatzsteigerungen, natürlich für die Winterfütterung, aber auch im Hinblick auf zunehmende Ganzjahresfütterung. Das hat dazu geführt, dass inzwischen die meisten Firmen (Liste siehe Seite 107) Vogelfutter für Wildvögel rund ums Jahr anbieten, oftmals auch mit speziell angepassten Mischungen für das Sommerhalbjahr. Die führenden Firmen machen zudem nicht nur umfangreiche Werbung für die Ganzjahresfütterung, sondern klären auch über die Notwendigkeit und die biologischen Zusammenhänge auf.

Fünftens werden uns von den Futtermittelherstellern sowohl aus Deutschland als auch aus den Nachbarländern mehr und mehr Futterproben für Testversuche zugesandt, was zu einer Optimierung des insgesamt angebotenen Futters führt.

Fazit: „Vögel füttern, aber richtig" hat nicht nur bewirkt, dass durch unser Land ein „Ruck" in Richtung Vogelfütterung gegangen ist, sondern dass auch eine nachhaltige

Fütterungswelle angelaufen ist, die zurzeit weiter an Dynamik gewinnt. Um die weitere Entwicklung zu fördern und unseren Vögeln noch besser helfen zu können, gilt es, weitere geeignete Strategien zu entwickeln. Dafür ist es hilfreich zu wissen, wo sich im Lande die wahren und die mehr scheinheiligen Vogelfreunde finden. Dafür ist folgende Analyse der zahlreichen Äußerungen von Repräsentanten der verschiedenen Natur- und speziell Vogelschutzverbände und sonstiger einschlägiger Institutionen sehr hilfreich.

Füttern ja oder nein oder jein ...

Das Buch „Vögel füttern, aber richtig" ist in wissenschaftlichen Fach- und populären Zeitschriften, Zeitungen, Vereinsmitteilungen usw. weit über hundertmal besprochen worden, zu etwa 60 % (sehr) positiv, zu 30 % neutral und zu knapp 10 % – aus sehr leicht durchschaubaren ideologischen Gründen – negativ, von einem ganz „mutigen Heckenschützen" (inzwischen bekannt) sogar anonym (Vogelwelt 127: 264, 2006). Einige besonders bemerkenswerte Zitate sind auf Seite 72 zusammengestellt.

Was die Meinung der einschlägigen Vogelschutzverbände zur Fütterung frei lebender Vögel anbelangt, zunächst ein paar Worte zum NABU. Der „Naturschutzbund Deutschland" war in seiner ursprünglichen Form als DBV – „Deutscher Bund für Vogelschutz" – durchaus und besonders im Hinblick auf seine Wurzeln auch ein „Vögelfüttererverein", hat sich aber dann im Zuge seiner naturschutzpolitischen Ausrichtung zunehmend vom Vögelfüttern distanziert, mit z. T. haarsträubender Argumentation (Seite 8). Heute sprechen verschiedene recht eigenständige Gruppierungen im Verbund mit sehr unterschiedlichen Zungen; vielerorts „gärt" es auch im NABU, weil die Vogelfreunde an der Basis zunehmend Druck machen, die Fütterungsverteufelung endlich einzustellen – mit Erfolg. Denn insgesamt ist in der Tat eine positive Tendenz wieder hin zur Fütterung als einer durchaus sinnvollen Vogelschutzmaßnahme zu erkennen. Dazu ein paar Beispiele. H. Opitz, NABU-Vizepräsident, schreibt 2006: „Insgesamt wird die Winterfütterung von uns viel ‚liberaler' als früher betrachtet [...] wird sie auch nicht mehr negativ beurteilt [...] Wer füttern will, darf das gerne tun" (Ber. Vogelschutz 43: 150).
Um die Ganzjahresfütterung hingegen steht es beim Verbund im Gegensatz etwa zu Großbritannien noch relativ schlecht: „Der NABU lehnt eine Ganzjahresfütterung wild-

Heutzutage gibt es neben Futterhäusern allerlei Futtersilos, mit denen sich viele Vogelarten gut versorgen lassen.

lebender Vögel ab", heißt es noch in „Naturschutz heute", 2007 (2: 40), aus der Feder von M. Nipkow, denn „Die Natur ist kein Freiluft-Zoo" (gemeint ist wohl ein „Freilandzoo"). Den haben wir jedoch fast überall indirekt längst eingerichtet: Denn von den ursprünglich v. a. waldbewohnenden Tiergemeinschaften ist so gut wie nichts übrig geblieben. Zudem haben wir in unsere Kulturlandschaft mit Monokulturen von Pflanzen aus aller Welt eine völlig neue Begleitflora und -fauna eingebracht – fast wie in einem Zoo[2]. Nur haben wir diesem Freilandzoo in den letzten Jahrzehnten durch Herbizide usw. weitgehend das Tierfutter entzogen. Der Ablehnung Nipkows steht die Meinung des NABU Bremen diametral entgegen. In einem Pressebericht vom Januar 2010 (von G. Burmester, „Mindener Tageblatt") heißt es: „Nicht nur im Winter bei Eis und Schnee, rund ums Jahr dürfen und sollen freilebende Wildvögel gefüttert werden, erklärt der NABU Bremen" und „die ornithologische Fachwelt beginne laut Bremens NABU-Geschäftsführer Sönke Hofmann den Wert der Fütterung zu erkennen." Höchst aufschlussreich ist auch, dass NABU und LBV (der NABU Bayerns) eng mit Vivara kooperieren, einem der größten Futtermittelanbieter in Europa, sodass deren Embleme sogar die Kataloge der Firma zieren.
Der NABU hat also, wie es einer seiner führenden Vertreter formulierte, „eine halbe Wendung vollzogen" – warten wir auf die zweite halbe. Ein prominenter Verbundsvertreter Berlins sagte mir auf der Grünen Woche 2011: „Gehen Sie in der Neuauflage Ihres Buches nicht zu hart mit dem NABU

Wenn auch sehr spezialisiert auf Hainbuchensamen, lassen sich Kernbeißer vor allem im Winterhalbjahr auch immer wieder am Futterhaus sehen.

Mit zunehmender Verstädterung erscheinen auch Ringeltauben – unsere größten heimischen Wildtauben – an Futterplätzen.

ins Gericht – er bessert sich." Wohlan – das ist hier geschehen, und nun warten wir auf weitere gute Taten, v. a. im Hinblick auf die für Vögel überaus hilfreiche Ganzjahresfütterung.

Weitere Statements

Als Nächstes ein paar Worte zum Komitee gegen den Vogelmord e. V. In einem Flyer „Fachgerechte Winterfütterung" (ohne Jahresangabe) stehen noch die in Deutschland von ökologisch unbedarften Extremisten hinausposaunten „vogelmörderischen" und heute antiquierten Empfehlungen wie „Beginnen Sie erst mit der eigentlichen Fütterung, wenn es [...] eine geschlossene Schneedecke gibt oder [...] die Temperaturen nachts unter −10 °C (!) fallen" oder „Füttern Sie niemals während der Brutzeit!" usw. Im „Artenschutzbrief" 15 des Komitees vom April 2011 hingegen wird in einem ausführlichen Bericht „Vögel füttern im Sommer ..." (M. Wiehlpütz) die Ganzjahresfütterung propagiert – als „einfache praktische Maßnahme"!

Klare positive Stellung hat inzwischen auch die Deutsche Wildtierstiftung bezogen. In einer Pressemitteilung vom 6. 10. 2008 wird empfohlen: „Die Deutsche Wildtierstiftung rät den Vogelfreunden: Warten Sie nicht bis zum Winter – decken Sie jetzt bereits den Tisch für alle daheim gebliebenen Vögel." Und weiter „Der Biologe Dr. Dieter Martin von der Deutschen Wildtierstiftung: ,Gegen eine ganzjährige Vogelfütterung ist nichts einzuwenden, solange Sie artgerecht füttern!'" Inzwischen plädiert die Stiftung nach Recherchen der Geschäftsführerin B. Radow eingehend für die Ganzjahresfütterung frei lebender Vögel.

„Winterfütterung – Vögel an Fütterungen in Schleswig-Holstein am 13./14. 2. 2010 sowie pro und contra von Vogelfütterungen" war das Thema eines Berichtes von R. K. Berndt (www.ornithologie-schleswig-holstein.de) über Zählungen an 72 Fütterungen, an denen 4894 Individuen in 54 Arten erfasst wurden, sowie Grundsatzdiskussionen rund ums Thema Vögelfüttern. „Fazit: Nichts spricht gegen vernünftiges Füttern, alles dafür [...] in einer Zeit, in der der wirtschaftende Mensch die ökologische Wertigkeit auf fast 100 % des Landes verschlechtert hat, ist Füttern ein Teil des Artenschutzes" – wie wahr! Ähnliche Berichte aus der Praxis liegen für die Ganzjahresfütterung vor von J. Stahl (AZ-Vogelinfo 11, 2009) mit der Feststellung „wie die Anzahl der Individuen im Laufe der Zeit immer mehr wurden" sowie von F. Christoffers (Vögel 10, 2011) über positive Erfahrungen in Schottland und Deutschland. Vorbehaltlos wird die „Ganzjahresfütterung freilebender Wildvögel" auch vom „Branchenforum Zoo & Garten" empfohlen (09/2009). Und die Schweizerische Vogelwarte Sempach „verschließt sich diesen Anregungen (gemeint ist unser Buch) auch gar nicht, und wir sind auch nicht gegen die Ganzjahresfütterung" (M. Kestenholz auf die Anfrage eines Schweizer Befürworters der Ganzjahresfütterung). Eine geradezu vogelfeindlich anmutende Position nimmt nach wie vor der BUND ein. Im Forum des BUNDmagazin 1–11: 4 schrieb K. Kutzner: „Die betont kritische Haltung des BUND zur Vogelfütterung kommt einem Aufruf zur Förderung des Artensterbens gleich. Ich finde es unerträglich, dass ignorante Auslese-Ideologien auch im Naturschutz immer noch salonfähig sind. Jahrzehntelange wissenschaftliche Populationsforschungen haben ergeben, dass eine angepasste Ganzjahresfütterung den besten Artenschutz für Vögel darstellt." Dazu der BUND: „Das begrenzte Format unseres Ökotipps erlaubt es nicht, Argumente zu vertiefen. Daher unser Verweis auf die BUND-Broschüre ‚Vögel im Winter', die das Thema ausführlich behandelt. Der BUND jedenfalls hält nichts von Ratschlägen, Vögeln als Wildtiere ganzjährig zu füttern." Der Verweis auf die genannte Broschüre ist – gelinde gesagt – eine Zumutung. Sie enthält dermaßen ungerechtfertigte Falschaussagen über das Füttern von Vögeln und dessen Auswirkungen, dass sie mit der Hauptgrund für uns war, das Buch „Vögel füttern, aber richtig" überhaupt zu schreiben und die Broschüre darin entsprechend zu zerpflücken (Seite 18). Das ist natürlich dem BUND nicht verborgen geblieben – er wurde allein von uns mehrfach darauf hingewiesen. Somit liegt der Verdacht nahe, dass die Zufütterung von Vögeln aus ganz anderen als ökologisch-wissenschaftlichen Gründen abgelehnt wird, wie bisweilen bei Verbänden, die auf Zuwendungen angewiesen sind, erkenntlich wird – siehe Seiten 9, 70. Wenn Vogelfütterung so pauschal unsachlich abgelehnt wird wie hier geschehen, dann sollten sich wahrhafte Vogelfreunde natürlich ernsthaft fragen, ob sie in einem derartigen Verbund gut aufgehoben sind und dort wirklich von Verbündeten geführt werden.

Schlussbemerkung

Insgesamt befinden wir uns mit der bundesweiten Kampagne für angemessene Zufütterung von frei lebenden Vögeln als ein Beitrag zum Arten- und Naturschutz mit einer munter wachsenden Gemeinde von Gleichgesinnten auf einem sehr guten Weg. Die Praxis hat gezeigt, dass in der nun vorliegenden 2. Auflage von „Vögel füttern, aber richtig" einiges näher zu behandeln war – so das ideale Futterhaus (Seite 35), die Beschaffung von Ersatzfutter bei Engpässen im Angebot (Seite 42), das Wegbleiben von Vögeln an Futterstellen (Seite 47), der Energiebedarf der Futterstellenbesucher in Bezug auf Winter- und Sommerfütterung (Seite 57), der Einzugsbereich von Futterstellenbesuchern (Seite 33), Weiteres zum vogelfreundlichen Garten (Seite 65), rechtliche Grundlagen des Zufütterns (Seite 56) und natürlich neue Forschungsergebnisse (an verschiedenen Stellen im Buch).

Wir wünschen allen Lesern (weiterhin) viel Freude und Erfolg mit unserem Buch und freuen uns auf Kommentare, Berichte, Hinweise u. a. m.

Peter Berthold und Gabriele Mohr

Obwohl Feldsperlinge sogenannte Körnerfresser sind, nehmen auch sie gern Fett von Meisenknödeln auf – es stellt ihnen direkt den idealen „Treibstoff" zum Fliegen zur Verfügung.

Vögel füttern!

Über kaum ein Gebiet im Naturschutz ist so viel Unwahres, Unsinniges, Unglaubliches und Unhaltbares geschrieben worden wie über die Fütterung frei lebender Vögel. Und Unsachliches wird auch fleißig weiter geschrieben – alle Jahre wieder, und v. a. im deutschsprachigen Raum, ungeachtet aller wissenschaftlichen Fortschritte in diesem Bereich. In einem Wust von unausgegorenen und strittigen Darstellungen sind auch in jüngster Gegenwart wohltuend klare und v. a. objektive populäre Darstellungen bei uns eher eine Rarität[3, 4]. Wie ist das möglich bei einem ständig aktuellen Thema und in einem Land, in dem ein Karl Theodor LIEBE bereits 1879 eine Übersicht „Zur Fütterung der Vögel im Winter"[5] verfasst hatte?

Die Gründe offenbaren sich schnell bei näherer Betrachtung. Bei uns wurde die Fütterung frei lebender Vögel bis in die 1940er-Jahre nicht nur propagiert und u. a. in einer „ganz neuen Industrie"[6] vehement entwickelt, sondern auch von wissenschaftlichen Studien begleitet[7]. Mit dem Niedergang der Naturverbundenheit in der Nachkriegs-Wirtschaftswunderzeit trat sie in den Hindergrund, und bevor die Warnungen von z. B. Rachel CARSON vor einem „Stummen Frühling"[8] ernst und enorme Bestandsrückgänge von Vögeln auch bei uns allmählich wahrgenommen

Der altbewährte Meisenring – hier mit Blaumeise – aus den Anfängen der Vogelfütterung ist nach wie vor beliebt.

wurden[9], fiel sie sogar in Misskredit. Vogelschutzmaßnahmen wie Zufütterung und Anbringung von Nistkästen gerieten nicht selten in den Ruch „unwissenschaftlicher und unnötiger Piepmatzologie". Das führte dann dazu, dass sich von derartigen Maßnahmen sogar Vorstandsmitglieder ehrwürdiger vogelkundlicher Gesellschaften wie der Deutschen Ornithologen-Gesellschaft ausdrücklich distanzierten und selbst prominente Vertreter ehemaliger Vogelschutzwarten sie in ihrer Bedeutung für die Vogelwelt allenfalls als strittig einordneten[10]. Als Entschuldigung dafür mag in gewissem Umfang gelten, dass es damals noch eine ganze Reihe von „Allerweltsarten" gab, die z. T. sogar bekämpft wurden und die von Fütterungen in unerwünschter Weise profitierten.

Als die Fütterung dann im Gefolge der katastrophalen Bestandsrückgänge vieler heimischer Singvögel wieder mehr in den Vordergrund rückte, schieden sich die Geister. Nachdem sie in England bei nahezu 20 Millionen Hausgartenbesitzern einen enormen Aufschwung erfuhr, wird sie seit 1970/71 – also seit nunmehr 40 Jahren (!) – vom British Trust for Ornithology in einem speziellen „Garden Bird Feeding Survey" (GBFS) systematisch untersucht[11] und zudem in einem „Garden BirdWatch"-Programm von über 17 000 Beobachtern überwacht[12]. In Deutschland hingegen wurde die Vogelfütterung ausgesprochen stiefmütterlich behandelt. Nahezu nirgendwo wurde ihr der Stellenwert zuerkannt, den sie in England auf sicherer wissenschaftlicher Grundlage längst erhalten hat: nämlich als *wertvoller Beitrag zum Artenschutz*. Bei uns wurde und wird sie vielmehr – in abgestufter Form – verkannt, verzerrt, ideologisiert oder gar in Schauermärchen diffamiert. In vielen, noch relativ harmlosen Fällen wird sie gerade noch halbherzig empfohlen, unter Betonung, dass sie ja wohl den Vögeln nicht schade, aber dafür den Menschen erfreue, ihm Naturgenuss bereite, Naturschutzbestreben wecke und fördere und bei Kranken gar heilsame Wirkung zeige. Derartige Betrachtungsformen findet man immer noch bei Vertretern des NABU (Naturschutzbund Deutschland), die auf diese Weise demonstrieren, dass ihr Herz zumindest noch teilweise im Takt des vogelfütterfreundlichen ehemaligen DBV (Deutscher Bund für Vogelschutz) schlägt, aus dem der NABU hervorging. Aber bei extremen Vertretern liest sich Entsprechendes dann so: „Die Erkenntnis ist hart, aber klar: Vogelfütterung ist kein Vogelschutz ... Wenn wir füttern, tun wir das also für uns! Vogelfütterung ist Menschenschutz"[13]. Auf diese Weise erfahren wir zwar ansatzweise, was Menschenschutz sein soll, aber das hilft unseren Vogelschutzbestrebungen nicht weiter. Kommt dann noch Zynismus hinzu, wird die Gürtellinie sachgemäßer Argumentation unterschritten bei Formulierungen wie: „Es wird jedoch vermutet, dass jedes Jahr mehr Vögel an unsachgemäßer Fütterung sterben als mit Hilfe der Fütterung vor dem Tod bewahrt werden ... es überleben Vögel, die zufällig nicht das falsche Futter gefressen haben ..."[14]. Und das ist nicht etwa im finsteren Mittelalter vogelkundlicher Unkenntnis geschrieben worden, sondern 2002 – und zwar vom BUND – bei völliger Ignorierung von Bergen von einschlägigen Erkenntnissen, wie später gezeigt wird. Oder, als letztes Beispiel, an vielen Stellen finden sich Formulierungen wie: „Zufütterung macht Vögel so behäbig, dass sie einer Art Wohlstandsverwahrlosung anheimfallen und ihre natürliche Nahrungssuche weitgehend aufgeben und, schlimmer, zu Beginn der Brutzeit ihren Jungen dann das falsche Futter verabreichen, was zu deren Tod führen mag"[13, 15, 16]. Dabei hat man den Eindruck, als würde etwa die heutzutage unter vielen Jugendlichen grassierende exklusive Pommes-frites-Ernährungsmentalität einfach auf die Vogelebene projiziert. Allerdings zu Unrecht, wie schon ein paar wenige Stunden sorgfältiger Beobachtungen z. B. von Kohlmeisen am Futterhaus, im Obstgarten und an ihren Nisthöhlen zeigen oder Zurhandnahme einschlägiger Untersuchungsergebnisse klarmacht (siehe Seite 25). Damit sind wir bei einem der Hauptübel des heutzutage häufig miserablen Geschreibsels über die Zufütterung wild lebender Vögel: Es wird zu viel vom grünen Tisch herunter schwadroniert, ohne erst einmal genau hinzusehen, wie die Vögel eigentlich mit dem gebotenen Futter umgehen und wieweit es ihnen nutzt und vielleicht auch schadet. Ebenso wie einfache, gründliche und damit aufschlussreiche Naturbeobachtungen werden auch die einschlägigen wissenschaftlichen Arbeiten zum Thema sträflich ignoriert, die inzwischen *zu Hunderten* vorliegen (siehe Seite 20). Es gibt aber ganz offensichtlich noch einen weiteren Grund für die heutzutage in unserem Sprachraum verbreitete Miesmache der Vogel-Zufütterung – nämlich: Konkurrenz. Beim härter werdenden Kampf um Mittel für alle möglichen Naturschutzzwecke werden Aufwendungen für die Vogelfütterung als wenig sinnvoll dargestellt (wie z. B. „Das viele Füttern kann nur hohen Verkaufszahlen dienen, nicht aber dem Erhalt einer artenreichen Vogelwelt"[14]), um dann „bessere" Maßnahmen vorzuschlagen wie naturnahe Gartengestaltung usw. Darüber ist sicher zu diskutieren (siehe

An Futterstellen kommen nicht nur „Allerweltsarten", sondern auch Seltenheiten, wie z. B. der Mittelspecht, der mit Fettfutter in einer Rindenspalte angelockt wurde.

Seite 65). Wenn aber mit derartiger Argumentation Spendenwerbung verbunden ist – v. a. auch für Naturschutzzentren und deren Personal –, dann treten Verbände in direkte Konkurrenz zur Vogelwelt. Das ist aufgrund der heute vorliegenden wissenschaftlichen Kenntnisse über das Füttern frei lebender Vögel nicht einfach hinzunehmen – ebenso wenig, in welch schiefes Licht im deutschsprachigen Raum, im Gegensatz zu England, die Zufütterung inzwischen durch mehr Dichtung als Wahrheit geraten ist und erst recht nicht die unzumutbare Verunsicherung gutwilliger Fütterer, die sich ja heute bei uns teilweise schon fast wie Aussätzige vorkommen müssen. Dem ist ein Ende zu bereiten, nachdem die Fülle gesicherter Daten, die in dem vorliegenden Buch kurz dargestellt werden, klar belegt: *Angemessene Zufütterung – im Winter, und besser noch ganzjährig – leistet heutzutage einen wesentlichen Beitrag zum Vogelschutz, insbesondere zum Erhalt und z. T. sogar zum Wiederaufbau der Artenvielfalt unserer Vogelwelt.*

Die Vögel werden weniger

Die Vogelwelt Mitteleuropas hat in den letzten Jahrhunderten enorme Veränderungen erfahren, die ganz wesentlich durch den Menschen, v. a. durch die Landwirtschaft, verursacht wurden. Sie betreffen hauptsächlich den Lebensraum und die Nahrungsgrundlagen der Vögel und damit auch die Frage nach dem Sinn der Zufütterung wild lebender Vögel – und sollen deshalb hier kurz skizziert werden.

Die nacheiszeitlichen großen Laubwälder Mitteleuropas zur Eichenmischwald- und Buchenzeit waren artenarm und beherbergten selbst in großen Gebieten nicht einmal 50 Vogelarten. Die menschliche Landnahme führte dann v. a. ab dem frühen Mittelalter zu einer reich strukturierten Mosaiklandschaft mit Feldern, Wiesen, Weinbergen usw., in die aus dem Süden und Osten viele neue Arten wie Lerchen, Ammern, Sperlinge, Stare, Rebhühner u. v. a. einwandern konnten[2, 17]. Sie alle hatten in der Zeit extensiver

kleinbäuerlicher Landwirtschaft ihr gutes Auskommen – ganzjährig in den Wildkräuter-("Unkraut"-)Beständen von Brachflächen (der Dreifelderwirtschaft) und saisonal auf den Äckern, die auch bei uns bis in die 1950er-Jahre zu einem Großteil Klatschmohn, Kornblumen, Disteln und viele weitere Wildkräuter in Fülle gedeihen ließen, so wie heute noch z. B. in Ostpolen oder Rumänien. Diese vom Menschen geschaffene Mosaiklandschaft führte zu einem allgemeinen Artenreichtum bei Pflanzen und Tieren, bei Insekten, etwa von Heuschrecken und Schmetterlingen, der bei Vögeln im 18. Jahrhundert in den meisten Regionen Mitteleuropas die Artenzahl auf mehr als das Doppelte ansteigen ließ[2]. Dann aber kam die Wende.

In der ersten Hälfte des 19. Jahrhunderts gingen vielerorts Vogelbestände merklich zurück – 1849 von Johann Friedrich NAUMANN erstmals wissenschaftlich belegt[18]. Spielte zunächst direkte menschliche Verfolgung noch eine wesentliche Rolle, kam es danach und besonders ab den 1950er-Jahren durch zunehmend intensive Landwirtschaft in nahezu wildkräuterfreien Monokulturen, infolge des Ein-

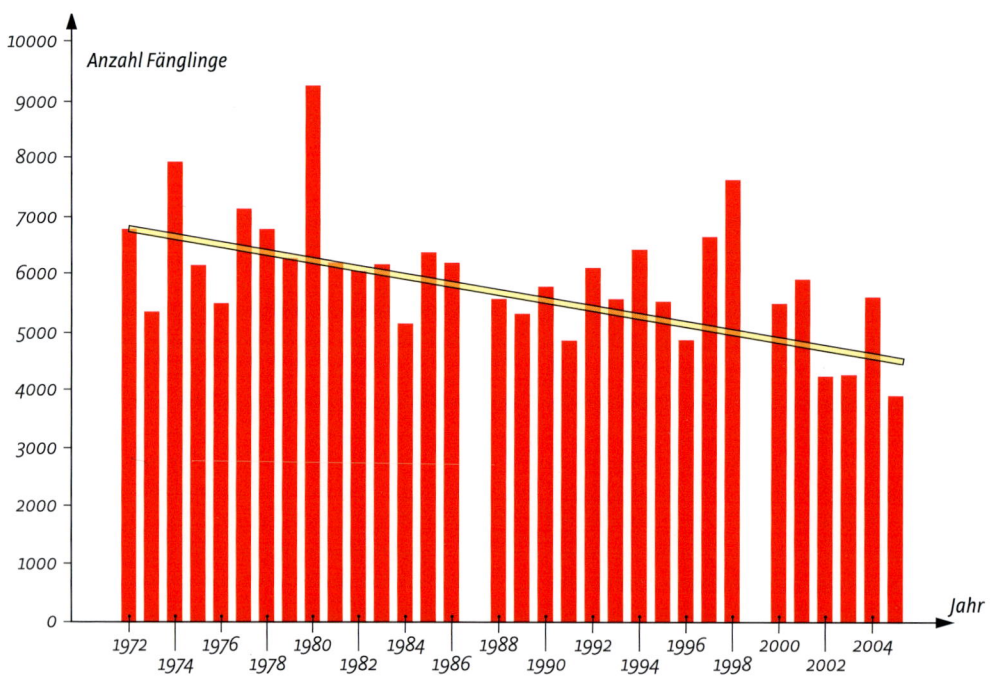

Fangzahlen von 35 Vogelarten der Bodensee-Fangstation der Vogelwarte Radolfzell: Die Gerade zeigt eine jährliche Abnahme von rund einem Prozent an.

satzes von Bioziden (Herbiziden, Insektiziden usw.), aber auch durch den Landverbrauch für Siedlungen und Verkehrswege, durch menschliche Freizeitaktivitäten u. a. zu einem starken und sich beschleunigenden Rückgang großer Teile von Flora und Fauna[2]. So stehen heute bei uns von allen Tier- und Pflanzenordnungen im Durchschnitt mindestens rund die Hälfte aller Arten in „Roten Listen"[19, 27] – d. h., ihr Fortbestand ist ungewiss. Dabei sind längst auch ehemalige „Allerweltsarten" betroffen wie Haus- und Feldsperling oder Star, die noch vor wenigen Jahrzehnten heftig bekämpft wurden bis hin zur Sprengung ihrer Schlafplätze mit Dynamit. Die dramatische Entwicklung zeigt eindrucksvoll der im nächsten Kapitel näher behandelte Haussperling. Schon bald nach dem Dreißigjährigen Krieg wurden Bekämpfungsaktionen verordnet, die sogar seine Ausrottung zum Ziel hatten, und erst in den 1970er-Jahren endeten Vergiftungsaktionen (z. B. mit Strychnin – „Grünkornmethode"). Dennoch blühten die Spatzenpopulationen bis in die 1960er-Jahre – dann erfolgte ihr Zusammenbruch, v. a. durch die moderne Landwirtschaft (Seite 13 f.) –,

und heute steht der Haussperling in der Vorwarnliste der bedrohten Arten[20].

Wie sehr unsere Vogelwelt inzwischen v. a. in den intensiv genutzten Landesteilen zusammengeschrumpft ist, zeigt beispielhaft eine Analyse des „idyllischen" süddeutschen Dorfes Möggingen am Bodensee, in dem die Vogelwarte Radolfzell über 50 Jahre lang genaue Bestandserfassungen durchgeführt hat[21]. Dort sind inzwischen von ehemals 110 Brutvogelarten 35 % ganz verschwunden oder brüten nur noch unregelmäßig, weitere 20 % nehmen im Bestand ab und nur etwa 10 % zeigen Bestandszunahme oder haben sich neu angesiedelt. Auf einer Probefläche von 4 km[2] ist die Individuenzahl von ursprünglich rund 3300 Vögeln auf 2100 zurückgegangen und die Vogel-Biomasse von früher ca. 240 kg auf derzeit nur noch 150 kg. Hauptursache dafür sind Lebensraumverluste und -verschlechterungen, *in allererster Linie bedingt durch eine enorme Abnahme der Verfügbarkeit an Nahrung.* Sie liegt bei Heuschrecken in einer Größenordnung von 90 %, bei Pflanzensamen z. T. bei 100 %[21]. Das sollte man im Kopf behalten, wenn man sich

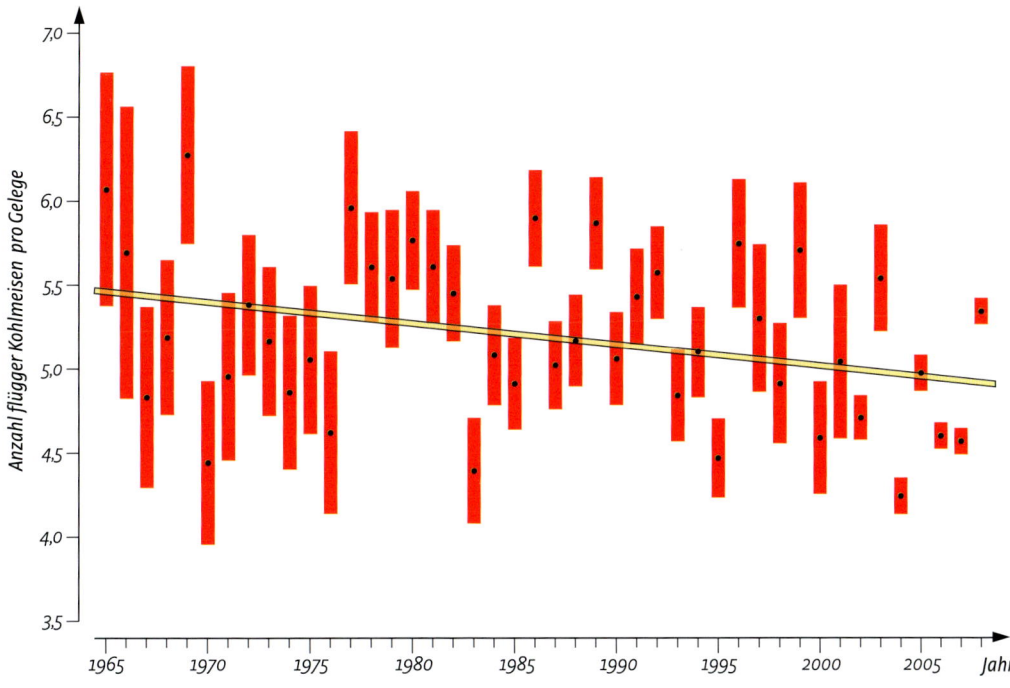

Seit 1965 nimmt auch bei der „Allerweltsart" Kohlmeise der Bruterfolg in England langsam aber stetig ab. Ursache dafür könnte die Klimaerwärmung sein: Zur Brutzeit gehen die Insektenbestände bereits wieder zurück.

Mit Futterstellen an Baumstämmen lässt sich auch der Grauspecht anlocken.

mit der Frage der Zufütterung wild lebender Vögel näher beschäftigen möchte.

Und noch eines hat die Mögginger Studie wie auch andere einschlägige Arbeiten klargemacht: Es gibt fast keine „Allerweltsarten" mehr, die sozusagen sicher in Frieden mit uns leben können. Die Beispiele Haus- und Feldsperling, Star, inzwischen auch Feldlerche und Rauchschwalbe zeigen, dass gegenwärtig durch unsere rigorose Lebensart *jede* Vogelart von heute auf morgen von Bestandseinbrüchen betroffen sein kann (mehr dazu ab Seite 13). Wir sind deshalb sicher gut beraten, wenn wir auch die zurzeit noch häufigen Arten, wie z. B. unsere Meisen, durch Zufütterung im Bestand stützen, *bevor* auch sie von dem sich schon abzeichnenden Rückgang ernsthaft betroffen sind. Und selbst bei einer unserer häufigsten Arten – der Kohlmeise –

bahnen sich längst Bestandseinbrüche an über eine Ursachenkette von saurem Regen (bedingt durch Luftverschmutzung) über den Schwund an Kleinschnecken (durch Kalkmangel) und daraus folgenden Missbildungen der Eischalen bis zu nachlassendem Bruterfolg[22]. In Großbritannien ging der Nachwuchs bei Kohlmeisen seit 1975 um 11 % zurück, wahrscheinlich weil sich durch die Klimaerwärmung zu viele Nahrungstiere bereits vor der Brutzeit entwickeln[23] (siehe auch Seite 11).

Trotz aller Schutzmaßnahmen: Der Rückgang unserer Vogelwelt geht fortlaufend weiter – weltweit wie auch bei uns. Nur wenige Arten mit meist kleineren Populationen nehmen derzeit zu wie etwa Schwarzstorch, Kranich oder Neubürger wie Nil- und Rostgans. Viele andere, darunter jede dritte ehemals häufige Art, nehmen weiter – z. T. dramatisch – ab, allen voran Feld- und Wiesenvögel wie z. B. Kiebitz, Star, Feldlerche und Hänfling[24–26]. Derzeit verschwinden in größeren Bereichen sogar unsere häufigsten Vögel – die Amseln – durch einen Virus-Befall (Seite 64). Weltweit war 2009 jede achte Vogelart bedroht – daran hat auch das Jahr der Biodiversität 2010 mit seinen hochgesteckten Artenschutzzielen nichts geändert. Inzwischen ist jede siebte Art bedroht (IUCN 2011, z. B. Gefiederte Welt 135: 7), und die Roten Listen werden länger[27]. Hauptursache ist der Verlust an Lebensräumen, allen voran die immer intensiver betriebene Landnutzung. „Artentod wegen Agrarausbau" ist daher ein Bericht im Mitteilungsblatt des „Bundesamts für Naturschutz" tituliert[28]. Immer mehr Maisanbau, nun v. a. zur Bioenergieproduktion, Reaktivierung fast aller Stilllegungsflächen, aber auch enger stehendes Getreide, Rodung von Altholzbeständen u. a. machen immer mehr Vögeln und anderen Arten den Garaus. Wo noch Lebensraum verbleibt, fehlt es zunehmend an Nahrung, v. a. im Spätwinter[29]. Die Vogelschutzwarten rufen inzwischen nach einem „staatlichen Rettungsschirm" für Vögel[25] – wieder einmal vergebens. Daran wird auch die biologisch-dynamische Landwirtschaft wenig ändern, auch wenn sie prinzipiell mehr wild lebenden Arten Lebensraum bietet[163], da sie sich nur langsam ausweitet und oft auch auf intensive Flächennutzung angewiesen ist. Was nachweislich hilft, und sogar schon in kurzer Zeit, wie jüngste Beispiele zeigen, ist zweierlei: zum einen Renaturierungsmaßnahmen[30, 31] und zum anderen Zufüttern, wie im Folgenden gezeigt wird. Damit lassen sich zumindest beträchtliche lokale Populationen stabilisieren oder auch wiederaufbauen.

Ein Paradebeispiel: der Haussperling

Durch sein ganzjähriges Zusammenleben mit und seine weitgehende Futterabhängigkeit von dem Menschen ist der Haussperling wohl das Paradebeispiel einerseits für Auswirkungen des Rückgangs seines Nahrungsangebots und andererseits für die Bedeutung gezielter Zufütterung. Er soll deshalb hier etwas näher behandelt werden.

Der Haussperling, ein auf Sämereien angewiesener Webervogelverwandter, ist dem Menschen nahezu weltweit in seine Siedlungen gefolgt, wo er – als weitgehend reiner Standvogel – auf engstem Raum mit ihm zusammenlebt[32]. In unseren früher überall ansässigen kleinbäuerlichen Betrieben wurde er, wenn die Feldfluren abgeerntet waren, allerorten in Hühnerfängen, Taubenschlägen, durch Haferreste in „Pferdeäpfeln" usw. mitversorgt, also schon immer *mitgefüttert*. Mit der Einstellung der kleinräumig vielseitigen Landwirtschaft, dem „Bauernsterben" in unseren Dörfern, ging den Spatzen rasch das Futter aus[33] – ihr Bestand nahm fast überall in Mitteleuropa stark ab, bis hin zum vollständigen Erlöschen vieler lokaler Populationen. In Deutschland z. B. ging der Bestand von rund 14 Millionen Brutpaaren auf 6 Millionen Paare um mehr als 50 % zurück[33], Großbritannien verlor ebenfalls rund 6 von früher 12 Millionen Paaren[34]. Auch bei den ehemaligen „Allerweltsarten" Star und Feldlerche liegen bei ähnlichen Ursachen die Verluste inzwischen in entsprechender Größenordnung[19, 34]. Haussperlinge als ehemalige „Mitesser" finden heutzutage auch keine Ersatznahrung in unseren ausgeräumten Landschaften, aus denen nicht nur etwa die Hälfte aller Deckung bietenden Hecken, sondern v. a. auch die Futterpflanzen – wie etwa der Löwenzahn, der meist schon vor der Samenbildung abgemäht wird, verschiedene Wegericharten, Wegwarte oder Ackerdisteln – weitgehend verschwunden sind[35]. In der Regel bleiben häufig auf vielen Quadratkilometern gepflügter Flächen der Monokulturen von Getreide, Zuckerrüben, Kartoffeln usw. kaum Samen tragende Wildkräuter oder gar Stauden stehen wie auch an den meist penibel „gepflegten" Weg- und Straßenrändern, Böschungen, Waldsäumen oder auf unseren nicht selten bis zu fünfmal im Jahr gemähten Wiesen.
Um sich so richtig klar zu machen, wie nahrungsarm unsere Landschaft inzwischen für Körnerfresser wie Sperlinge und viele andere Arten geworden ist, versuche man einmal, etwa an einem Spätherbsttag, auf einem Sonntagsspaziergang mit der Familie auch nur *eine Tagesration an Wildkräutersamen z. B. für einen einzigen Kanarienvogel zu sammeln* – das Ergebnis ist in aller Regel niederschmetternd. Besser fällt der Versuch in einem ökologisch ausgerichteten Hausgarten mit einer Fülle von Samen tragenden Pflanzen aus (siehe Seite 65 f.), der uns eine Vorstellung davon gibt, was unsere Landschaft Vögeln früher einmal an Futter zu bieten hatte. In Zahlen ausgedrückt ergibt sich folgendes Bild: Die derzeitige jährliche Weizenernte in Deutschland beträgt rund 20 Mio. Tonnen (Statist. Jb. 2007). Nimmt man an, dass die bis in die 1950er-Jahre überall auf unseren Feldfluren tolerierten „Unkräuter" nur 5 % so viele Samen produzieren konnten, waren das allein auf den Weizenfeldern immerhin etwa 1 Mio. Tonnen Sämereien, und Entsprechendes galt für andere Getreidefelder, Kartoffel- und Rübenäcker usw. Davon ist durch die nahezu flächendeckende Unkrautvernichtung nahezu nichts übrig geblieben, und mit den Unkräutern sind nicht nur deren Sämereien, sondern auch die auf ihnen lebenden Insekten verschwunden – das Aufzuchtfutter der meisten Offenlandbrüter und der Sperlinge.
Aber, so schlecht es unseren Sperlingen derzeit großräumig auch gehen mag, so ist es relativ leicht, zumindest kleinere, durchaus überlebensfähige Populationen am Leben zu erhalten oder auch wiederaufzubauen: *durch kontinuierliche, zuverlässige, ganzjährige artgerechte Zufütte-*

Wie beim Haussperling lassen sich auch beim Feldsperling durch ganzjährige Zufütterung lokale Populationen wiederaufbauen.

Der Haussperling ist inzwischen eine weltweit gefährdete Vogelart, der durch Zufütterung gut zu helfen ist.

rung! Wir praktizieren diese Fütterung seit Jahrzehnten erfolgreich und konnten z. B. im süddeutschen Dorf Billafingen im Bereich unserer Schafweide in gut 20 Jahren eine Sperlingspopulation von null auf etwa 50 Paare aufbauen[21] (siehe Seite 23 ff.). V. a. auch aus England, wo seit 40 Jahren „Garden Bird Feeding Survey" (siehe Seite 17) durchgeführt wird, liegen für Sperlinge wie auch für andere Arten ermutigende Ergebnisse im Hinblick auf den Erhalt der Vögel durch Zufütterung vor. Auch in abnehmenden Sperlingspopulationen können Brutpaare ausreichend Nachwuchs (Jungvögel pro Saison) produzieren mit zunächst normaler Lebensdauer. Erhöhte Sterblichkeit tritt dann bei Futtermangel v. a. im Winter auf – und die kann durch gezielte Zufütterung reduziert werden[36].
Ein schönes Beispiel liegt aus unserer Hauptstadt vor. Den „Berliner ornithologischen Berichten" 2005[37] ist zu entnehmen: „Die Bestandszahlen des Haussperlings korrelieren signifikant mit Gebäudefläche und *Zahl der Futterplätze* und blieben wahrscheinlich in den letzten zehn Jahren stabil." Und Ähnliches vernehmen wir z. B. auch aus Hamburg: „Ohne massive menschliche Zufütterung käme es zumindest in den Wintermonaten zu einem erheblichen Nahrungsengpass. Haussperlinge suchten Futterstellen während des ganzen Jahres auf. Der Haussperling ist im innerstädtischen Raum in den Wintermonaten fast vollständig von anthropogenen Nahrungsquellen abhängig"[38]. Das sind höchst erfreuliche Ergebnisse für Vogelfütterer und ist hoffentlich auch Anregung für alle, die es noch werden wollen! Derartige Kenntnisse können Mut machen, auch wenn unserem Spatz heute noch weitere Faktoren

wie Nistplatzmangel, Abnahme an Insekten als Nestlingsnahrung, Hauskatzen u. a. zu schaffen machen[34].
Seit der 1. Auflage unseres Buches sind über 20 Arbeiten erschienen, die den weiteren Rückgang von Haussperlingen und verwandten Formen – bei uns v. a. dem Feldsperling – dokumentieren, sowohl für Deutschland und viele weitere Gebiete Europas, aber auch für andere Kontinente. Ein weiteres Beispiel: In Hamburg betrug der Rückgang in den letzten 25 Jahren mehr als 75 %, und damit fiel der Spatz als ehemals häufigste Art der Stadt auf Rang neun ab[39]. Aus Veröffentlichungen, die sich näher mit den Rückgangsursachen beschäftigen, wird zunehmend klar, dass neben möglichen Verlusten an Nistgelegenheiten dem Nahrungsmangel die Schlüsselrolle zukommt – und der betrifft sowohl die Nestlingsnahrung (Insektenmangel) als auch die allgemeine Nahrungsgrundlage rund ums Jahr[40–48]. Dabei sterben Sperlinge nicht nur regional aus, sondern können bei Nahrungsmangel in Städten bei schlechter Kondition auch deutlich kleiner bleiben[49].
Aber es gibt auch Erfreuliches zu berichten. In Berlin ist der Bestand an Sperlingen von 2001 bis 2006/07, wenn überhaupt, nur leicht zurückgegangen, sodass offenbar eine gewisse Bestandsstabilisierung eingetreten und die Situation mit derzeit noch über 100 000 Brutpaaren vergleichsweise als „sehr gut" einzustufen ist[50]. Damit zeigt Berlin als „grüne Gartenstadt" mit vielen Futterstellen offensichtlich positive Wirkung. Und von einer Reihe von inzwischen seit Jahren tätigen Ganzjahresfütterern wird uns gemeldet, sie hätten inzwischen – wieder – so viele Spatzen, dass sie mit füttern kaum noch nachkommen (z. B. Familie Dorn in Wuppertal). Über weitere positive Wirkungen der Zufütterung von Spatzen siehe ab Seite 27.
Haussperlinge sind Standvögel par excellence. Sie sind so ortstreu, dass Vögel zur Brutzeit nur einen Aktionsradius von 50–400 m haben, der nach der Brutsaison auf etwa 600 m ansteigen kann, bei Schwarmflügen hinaus in Feldfluren bis etwa 2 km[51]. Eine neue Studie[52] zeigt, dass sich selbst Jungvögel in der Jugendstreuung im Wesentlichen nur im Umkreis von etwa 15 km ansiedeln und dort dauerhaft sesshaft bleiben. Für die Praxis heißt das: Wenn wir Haussperlingspopulationen erhalten oder neu aufbauen wollen, müssen sie, da sie nicht umherwandern und ständig neue Futterplätze suchen können, an ihrem Aufenthaltsplatz 365 Tage im Jahr verlässlich mit Futter versorgt werden – wie früher durch die kleinbäuerlichen Betriebe (siehe auch Seite 8, 15).

Zufüttern als notwendige Verpflichtung

Aus den vorangehenden beiden Abschnitten und der dort zitierten Literatur geht klar hervor: Wir Menschen haben durch unsere Landnahme und vielseitige Landnutzung in den letzten Jahrhunderten zunächst viele Vogelarten in unsere Gefilde nach Mitteleuropa „gelockt". Dann aber haben wir, besonders in den letzten Jahrzehnten, deren Lebensräume derart „ausgeräumt" – v. a. auch in Bezug auf die Nahrungsgrundlagen –, dass heute viele von ihnen gefährdet sind. Natürlich wäre das Nächstliegende, die Lebensräume unserer Vögel einschließlich des Nahrungsangebots durch Schutz- und Pflegemaßnahmen und umfangreiche Renaturierungen „einfach" wiederherzustellen. Aber die Ansätze, die es dazu gibt, zeigen, dass dies ein langwieriger Weg ist und noch dazu mit völlig ungewissem Ausgang[21]. Also bleiben uns – wenn überhaupt – zumindest zunächst nur möglichst schnell greifende Ersatzmaßnahmen. Daher ist die Zufütterung frei lebender Vögel eine logische Konsequenz und moralische Verpflichtung!

Ideal wäre, wenn wir den Vögeln in der offenen Landschaft, denen hauptsächlich die Nahrungsgrundlagen abhanden gekommen sind, Ersatzfutter flächendeckend direkt anbieten könnten – etwa durch regelmäßige Verteilung von Hubschraubern aus, wie dies z. B. beim Kalken unserer durch Übersäuerung geschädigten Wälder von der Luft aus geschieht. Natürlich ist das reine Utopie. Aber zum Glück gibt es einen bodenständigeren, viel Erfolg versprechenden Weg, den uns die Vogelfreunde in England und z. T. auch in Amerika, Australien usw. seit Jahrzehnten vorführen: *die angepasste Zufütterung wild lebender Vögel an möglichst vielen Stellen im Land.* Sie bewirkt, wie gezeigt werden wird, schon viel als Winter-Zufütterung und noch weit mehr als optimal angepasste *Ganzjahresfütterung* (siehe Seite 50).

Nach den heute vorliegenden fundierten wissenschaftlichen Erkenntnissen über positive Effekte der Zufütterung ist klar: Sie ist längst keine Geschmackssache oder Glaubensfrage mehr, sondern trägt ganz wesentlich zum Vogelschutz bei. Mit Zufütterung erreichen wir, wie ebenfalls gezeigt werden wird, auch nicht nur, wie gelegentlich abfällig bemerkt, eine „Handvoll" häufiger, sondern bei optimalen Verhältnissen regelmäßig 50 Vogelarten und mehr

(siehe Seite 29 ff.). Darunter befinden sich neben den schon vorgestellten und inzwischen rapide abnehmenden Haussperlingen viele weitere zumindest regional zurückgehende oder gefährdete Arten wie Feldsperling, Ammern, Stieglitz, aber auch Star, Drosseln und selbst Grasmücken, Laubsänger u. a. Damit leistet sachgemäße Zufütterung heutzutage *einen wertvollen Beitrag zum Artenschutz und zum Erhalt der Artenvielfalt mit ganz hohem Stellenwert.*

Machen wir uns zum Schluss dieses Abschnitts noch einmal in aller Deutlichkeit klar: Durch Zufütterung können wir wild lebenden Vögeln wenigstens einen Teil dessen, was wir ihnen durch rigorose Landwirtschaftspraxis mehr und mehr genommen haben, sozusagen „zurückgeben". Aus dieser Argumentation folgt natürlich, dass zumindest für tierliebende Menschen Zufütterung eigentlich eine ganz logische Konsequenz aus unserem rüden Umgang mit unseren Vögeln als Mitlebewesen darstellt – wenn nicht sogar eine moralische Verpflichtung. Eine entsprechende Meinung wird bei uns auch von anderen namhaften Vogelschützern vertreten[3]. Und der Gedanke ist auch nicht neu: Schon HENNICKE hatte 1912 formuliert, Aufgabe des Vogelschutzes sei es, „den Vögeln das zu ersetzen, was ihnen durch unsere Kultur genommen worden ist"[6]. Der geneigte Leser wird längst gemerkt haben, dass im vorliegenden Buch Fütterung stets als *Zu*-Fütterung verstanden wird. Das hat seinen guten Grund. Wie später klar werden wird (siehe Seite 18), lassen sich wild lebende Vögel nicht einfach „durchfüttern", sondern suchen regelmäßig viel Futter selbst, sodass auch noch so reichliche und reichhaltige Fütterung immer nur eine Zufütterung darstellt.

Das offene Futterbrett wird nicht nur von Grünlingen besucht, sondern auch von Buchfinken, Goldammern und anderen, die nicht gern in Futterhäuser gehen.

Die Geschichte der Fütterung

Wir wissen nicht, wer wann wo die erste Vogelfutterstelle eingerichtet hat, um Vögeln durch Zufütterung selbstlos zu helfen. In Großbritannien wurden mindestens seit dem 16. Jahrhundert Essensreste in Gärten gestellt, damit sie von Vögeln genutzt werden konnten[53]. Bei uns mag es ähnlich gewesen sein, nachdem um diese Zeit in unserem Land auch der Nistkasten Einzug hielt, der allerdings als „Startopf" oder „Starmeste" (von mästen) zunächst ganz überwiegend der Fleischgewinnung, etwa für „Starensuppe", diente[3].

Für die oft kurzfristig in Schwärmen einfallenden Bergfinken richtet man am besten umgehend Bodenfutterstellen ein.

Ähnlich wie das heutige Vogelschutzgerät „Nistkasten" ist sicherlich auch die Fütterung zu Vogelschutzzwecken aus anderem Ursprung hervorgegangen, nämlich aus der Anfütterung von Vögeln für Fang und Jagd, was seit Jahrhunderten praktiziert wurde, mit einer Fülle von in der Literatur beschriebenen Anleitungen[54, 55]. Eine besonders ansprechende Darstellung zeigt Pieter Brueghels Bild „Winterlandschaft mit Eisläufern und Vogelfalle", ca. 1565[56]. Daneben mögen gutherzige Bäuerinnen im Winter Spatzen, Ammern u. a. Vögel nicht nur in Hühnerfängen geduldet, sondern ihnen, als Vorläufer regelmäßiger Fütterung, gelegentlich eine extra Handvoll Körner zugeworfen haben, oder Metzger hängten einen Schweinenabel und Jäger einen abgehäuteten Fuchskern in Bäume (wobei Letzterer von Meisen bis auf das Skelett abgepickt wurde[7]).

Aber die gezielte Vogelfütterung entwickelte sich zunächst nur langsam. So schreibt LIEBE 1894[57], dass die Winterfütterung in den letzten 20 Jahren da und dort mehr volkstümlich geworden sei, aber noch „in ganzen Gauen" fehle. Mit der Wende zum 20. Jahrhundert begann dann ihr enormer Aufschwung, der im Hinblick auf Futtermittel und -geräte „eine ganz neue Industrie" ins Leben rief[6].

Ein offenes Futterhaus im Landhausstil – beliebt bei Feldsperlingen und vielen anderen Arten – muss vor Regen und Schnee sicher stehen.

Ein Futtersilo gefüllt mit Sonnenblumenkernen – gerade recht für den Kleiber, der hier Hunderte von Kernen holen kann, um sie als Vorrat zu verstecken.

Das Füttern heutzutage

Seinen größten Aufschwung hat das Zufüttern frei lebender Vögel als Winter- und Ganzjahresfütterung zweifellos in Großbritannien erfahren. Dort werden heutzutage für Futtermittel und -geräte jährlich 150–180 Millionen Pfund aufgewendet, und die nahezu 20 Millionen Haus- und Gartenbesitzer, die Vögeln zufüttern, stellen jährlich u. a. etwa 15 000 t Erdnüsse und 20 000 t Sämereien für sie bereit[11, 53]. In der Bundesrepublik Deutschland dürften Ausgaben für die Fütterung frei lebender Vögel derzeit nach seriösen Schätzungen in der Größenordnung von jährlich etwa 50–80 Millionen Euro liegen, was über 50 000 t Futtermitteln entspricht. Das mag gewaltig erscheinen, relativiert sich aber schnell, wenn man bedenkt, dass allein wir an unseren Ganzjahresfütterungen (siehe Seite 20) jährlich zwischen 5 und 10 t Futter verbrauchen (siehe auch Seite 42). Mit dem Populärwerden der Fütterung im 20. Jahrhundert hat auch eine Fülle von Untersuchungen eingesetzt, die schon früher viele Aspekte betraf: zunächst geeignete Fut-

terhäuser und sonstige Geräte sowie Futtermittel, dann das Fernhalten unerwünschter Arten („Antispatz"-Kampagne) und später die dauerhafte Ansiedlung von „nützlichen" Vogelarten durch Zufütterung für die „Schädlingsbekämpfung" in Forst, Wein- und Obstbau[7, 58].

In der Vogelwarte Radolfzell haben wir vor mehr als zehn Jahren begonnen, eine Arbeitsgruppe einzurichten, die sich speziell mit Fragen der Zufütterung, v. a. auch der Ganzjahresfütterung von Vögeln, beschäftigt. Ein Tierarzt untersucht dabei zudem Fragen der Hygiene und der Übertragung von Krankheiten an Futterstellen näher (siehe Seite 49).

Fütterung Untersuchungsprogramme in Großbritannien

Wie die Fütterung selbst, so hat auch ihre methodische und wissenschaftliche Untersuchung inzwischen in Großbritannien den höchsten Stand in der Welt erreicht, von dem wir nur lernen können. Derzeit sind fünf spezielle Programme Fragen der Fütterung gewidmet, nämlich:

▶ GBFS – „Garden Bird Feeding Survey" des BTO (British Trust for Ornithology); untersucht seit 1970/1971 die an Fütterungen auftauchenden Arten, ihre Populationsdynamik, den Futterverzehr und v. a. die Auswirkungen der Fütterung[59, 60].

▶ GWB – „BTO/CJ Garden BirdWatch", ein Gemeinschaftsprojekt des BTO mit dem Futtermittel-Anbieter „CJ WildBird Foods"; verfolgt v. a. das Verhalten der Vögel, aber auch Hygiene- und Gesundheitsprobleme[12].

▶ WFFB – „Winter Food for Birds"-Programm des BTO; untersucht den Einfluss der Zufütterung von Vögeln in der offenen Landschaft in Abhängigkeit vom Lebensraum in verschiedenen geografischen Einheiten[61].

▶ „BirdAid Project" der RSPB (Royal Society for the Protection of Birds); widmet sich ähnlichen Aufgaben wie das WFFB-Programm[61].

▶ GBHi – „Garden Bird Health Initiative" der UFAW (Universities Federation for Animal Welfare); untersucht in Verbindung mit dem BTO und anderen Einrichtungen mit rund 1000 Beobachtern Fragen der Hygiene von Futterstellen und eventuellen Krankheitsproblemen (siehe Seiten 49 und 63)[12].

Und was doch nicht dagegen spricht

Von Gegnern, aber auch halbherzigen Befürwortern der Fütterung wild lebender Vögel werden immer wieder „Begründungen" formuliert, die das Füttern als sinnlos oder gar gefährlich brandmarken sollen. Bei näherer Betrachtung zeigt sich, dass die vorgebrachten Argumente fast durchweg auf tönernen Füßen stehen. Sie werden im Folgenden kurz unter die Lupe genommen.

▶ Immer wieder liest man: „Vögel brauchen keine Fütterung" – sie sind auf das jahreszeitlich unterschiedliche Futterangebot „eingestellt"; in der Natur gibt es „reichlich" Nahrung, zumindest in milden Wintern, und für Weichfresser reichen „Beeren tragende Sträucher" aus.
Richtig ist, dass zumindest unsere offene Landschaft, die Feldflur, so ausgeräumt ist (siehe Seite 11), dass die Nahrungsgrundlage für Vögel dort auf alle Fälle im Winterhalbjahr völlig unzureichend ist, wie auf Seite 13 beziffert und wie inzwischen viele Untersuchungen belegen[35, 62, 63]. Was Beeren (auch Obst) anbelangt: Sie sind für viele Arten eine sehr gute *Zusatznahrung*, als alleiniges Futter führen sie jedoch, wie umfangreiche Fütterungsversuche gezeigt haben[64], durch den zu geringen Gehalt an Amino- und Fettsäuren rasch zum Tod, mit Ausnahme von wenigen Ernährungsspezialisten wie dem Seidenschwanz (mit besonders langem und effizientem Darm).

▶ „Leider herrscht häufig der Irrglaube vor, dass die Vögel das winterliche Futter zum Überleben brauchen. Dabei wird nicht bedacht, dass der starke Rückgang vieler Vogelarten auf die Vernichtung oder drastische Verschlechterung ihrer Lebensräume zurückzuführen ist", wobei „die Lebensgrundlagen entzogen werden"[14].
Zutreffend ist: Dem ist, was den Lebensraum anbelangt, zuzustimmen, nur wurde leider – in völlig unverständlicher Weise – übersehen, dass bei den geschilderten *Verschlechterungen* den Vögeln v. a. die *Nahrung* verloren ging! Und diese können wir derzeit fast nur – teilweise – durch Zufütterung ersetzen (siehe Seite 15).

▶ Mit Füttern werden nur „wenige Allerweltsarten" erreicht und gar zum Nachteil von „empfindlichen" oder „seltenerenen" Vogelarten begünstigt, sie hilft „keinen bedrohten Arten", da ohnehin nur ganz wenige Arten an Futterstellen kommen.

Richtig ist: An gut geführten Futterstellen sind in England insgesamt über 150 Vogelarten registriert worden, an unseren in Süddeutschland über 70 (siehe Seite 30), darunter viele heutzutage gefährdete Arten wie Haus- und Feldsperling, Stieglitz, Star, Hänfling u. a., die nachweislich von der Zufütterung profitieren. Außerdem trägt Fütterung wesentlich dazu bei, erfreulicherweise noch nicht zurückgehende Kleinpopulationen bisher weniger gefährdeter Arten *stabil zu erhalten* (siehe Seite 20 ff.). Und das ist besonders wichtig, da wir erfahrungsgemäß vielen Arten, wenn sie erst einmal gefährdet sind, überhaupt nicht mehr helfen können[19].

▶ Vögel geraten durch Fütterung „in eine Futterabhängigkeit", die über „veränderte Verhaltensweisen" zu „einer geschwächten Lebenskraft" führen[14], und sie hält sie von der „Schädlingsbekämpfung" ab.
Tatsache ist: Es genügt schon simple Beobachtung von Vögeln, um festzustellen, dass sie selbst bei strengem Winterwetter nur einen *Teil* ihrer Nahrung an Futterstellen aufnehmen und viel Zeit dafür aufwenden, natürliche Nahrung zu suchen, was sie bei mildem Wetter ganz überwiegend tun[3, 7, 57, 58]. Wissenschaftliche Studien belegen derartige Beobachtungsergebnisse in vielfacher Weise (siehe Seite 20 ff.).

▶ Bei Fütterung bis in die Brutzeit hinein füttern „bequem gewordene Vögel" ihre Jungen mit „ungeeignetem" Futter von der Futterstelle, das dann zum Tod der Nestjungen führen kann.
Richtig ist, wie z. B. schon HENZE 1943[7] berichtet: Junge Meisen etwa werden „trotz aller Fütterung" nicht etwa mit Winterfutter gefüttert, sondern mit „zarten Räupchen". Entsprechende Ergebnisse bringen sowohl einfache Beobachtungen an Nestern von Vögeln als auch gezielte wissenschaftliche Untersuchungen (siehe Seite 20 ff.).

▶ Vogelfütterung führt zum Tod vieler Vögel, da ins Futter gelangender Kot „mit großer Wahrscheinlichkeit zu tödlichen Krankheiten führt" oder sie „das falsche Futter gefressen haben".[14]
Zutreffend ist, dass Vögel nur in sehr großer Not „falsches" Futter aufnehmen und dann auch nicht daran sterben[64], dass an normalen Futterstellen gar kein „falsches" Futter angeboten wird und dass Krankheitsübertragungen und gar Todesfälle durch Infektionen an Futterplätzen die große Ausnahme darstellen, weil Vögel aufgrund ihrer Konstitution nur ein geringes Infektionsrisiko besitzen (siehe Seite 26).

Buntspechte besuchen das ganze Jahr über gern Meisenknödel, aber nicht, um zu verfetten, sondern für eine Mahlzeit „zwischendurch".

▶ Bei Fütterung „findet keine biologische Auslese mehr statt, und so wird auch Vögeln mit schlechten Erbanlagen eine Fortpflanzung ermöglicht"[14]; die „natürliche Selektion" ist gestört.
Richtig ist: Diese Schlussfolgerung ist gar nicht nachzuvollziehen. Wenn wir heute durch Zufütterung Vögeln gerade einmal einen Teil des Futters ersetzen, das sie in der freien Natur nicht mehr finden, bleiben dadurch alle normalerweise wirkenden Selektionsfaktoren unberührt. Und wenn das an Futterstellen gebotene Futter nicht *ganz genau* den Erfordernissen der Nahrungsgäste entspricht, kann das ihre Auslese nur erhöhen. Zudem gibt es an gut besuchten Futterplätzen erhebliche Auslese durch Prädatoren wie Sperber[56], Katzen, Raubwürger u. a. sowie durch Konkurrenz. Und schließlich muss man sich klarmachen, dass in unserer tausendfach durch menschliche Eingriffe veränderten Umwelt die Beurteilung einer „natürlichen" Selektion letztlich gar nicht mehr möglich ist.

▶ Fütterung fördert das Überleben vieler Standvögel und schafft damit unnötige Konkurrenz für Zugvögel.
Tatsache ist, dass Fütterung, v. a. ausreichend lange Winterfütterung (siehe Seite 45) und erst recht Ganz-jahresfütterung, nicht nur Stand-, sondern auch vielen Zugvögeln hilft (siehe Seite 29 ff.) und dass bei der derzeitigen Ausdünnung unserer Vogelbestände (siehe Seite 10) sowohl die inner- als auch die zwischenartliche Konkurrenz abnimmt. Martin KRAFT hat außerdem festgestellt, dass bei Ganzjahresfütterung Konkurrenzverhalten sogar stark *reduziert* wird, v. a. durch Abnahme der Revierverteidigung[65].

▶ Folge der Winterfütterung: „Geringere Eizahl bei einigen Arten durch winterlichen Dichtestress am Futterhaus"[13].
Richtig ist, dass Zufütterung die Fortpflanzung und deren Erfolg bei Vögeln generell positiv beeinflusst, und zwar in vielen Bereichen (siehe Seite 24).

▶ Fütterung von Fleisch zieht Meisen u. a. Arten „zu wütenden Fleischfressern heran, sodass sie sich dann in der freien Natur an wehrlosen Vögeln vergreifen können"[6].
Zutreffend ist: Oh Herr! Nicht nur Rabenvögel, sondern viele Singvögel wie Meisen, Rotkehlchen, Stare nehmen regelmäßig Fleisch auf, etwa von Fallwild, ohne zu Bestien zu werden, und Amsel sowie Buntspecht erbeuten sogar Jungvögel aus fremden Nestern, ohne dass dafür eine „Fehlprägung" durch Fleischfütterung erforderlich wäre.

Die Wissenschaft gibt uns recht

Die meisten wissenschaftlichen Untersuchungen in Bezug auf die Zufütterung von Wildvögeln werden in Großbritannien durchgeführt. Bei uns und in anderen Ländern haben sie einen relativ geringen Umfang, aber auch diese Arbeiten summieren sich inzwischen zu einer langen Liste. Und schließlich haben wir in der Vogelwarte Radolfzell vor rund 15 Jahren eine Reihe von Projekten begonnen, die verschiedene Fragen der Fütterung klären sollen.

Die Untersuchungen

In Großbritannien laufen derzeit fünf spezielle, ausschließlich oder überwiegend Fragen der Zufütterung von Wildvögeln und deren Auswirkungen gewidmete Untersuchungsprogramme (siehe Seite 17). In Deutschland hat KRAFT bereits 1988[65] eine breit angelegte mehrjährige Studie über Auswirkungen der Ganzjahresfütterung durchgeführt, die viele wichtige Ergebnisse brachte. Leider ist diese überaus aufschlussreiche Arbeit von den vielen Schreiberlingen über Vogelfütterung völlig übersehen oder ignoriert worden. In etwa zehn verschiedenen Ländern (darunter v. a. Großbritannien, aber auch Holland, Skandinavien, den USA u. a.) sind in den letzten 30 Jahren an über 15 Vogelarten die Auswirkungen von Zufütterung auf den Legebeginn und die Gelegegröße untersucht worden, wovon die bis 1997 erzielten Ergebnisse von NAGER u. a.[66] zusammengefasst wurden.

Die vielerorts im Bestand zurückgehenden Stieglitze kommen oft an Futterstellen, wenn geeignetes Futter geboten wird.

Wir haben in der Vogelwarte Radolfzell zunächst im Rahmen unserer Forschungsprogramme an Grasmücken analysiert, warum mitteleuropäische Mönchsgrasmücken seit den 1960er-Jahren nicht mehr ausschließlich in den Mittelmeerraum und nach Afrika ziehen, sondern zunehmend in England überwintern. Dabei konnten wir eine einzigartige „Erfolgsstory" aufdecken, die eine ganz wesentliche Grundlage in der Zufütterung der Mönchsgrasmücken an Futterstellen hat (siehe Seite 21).

In einem langjährigen Forschungsprogramm haben wir v. a. seit den 1970er-Jahren an über 50 Vogelarten und Tausenden von Individuen detaillierte Ernährungsuntersuchungen durchgeführt. Dabei wurden zum einen Vögel im Freiland systematisch beobachtet, etwa im Hinblick auf den Verzehr von Efeubeeren[67], weiterhin wurden mithilfe von für den Vogel gänzlich ungefährlichen Magen-Darm-Spülungen Magen- und Darm-Inhalte gewonnen, sodass die Nahrungszusammensetzung analysiert werden konnte[68], und schließlich wurde an vielen Arten – auch solchen, die regelmäßig Futterstellen aufsuchen – geprüft, was und wie viel sie fressen, welche Nahrung sie bevorzugen und welche Nahrungsbestandteile sie unbedingt benötigen[64, 69]. Diese Studien werden heute u. a. von meinem früheren Mitarbeiter Prof. Dr. Franz BAIRLEIN im Institut für Vogelforschung in Wilhelmshaven fortgesetzt.

Vor gut 15 Jahren haben wir begonnen, uns systematisch mit Fragen der Zufütterung wild lebender Vögel an Futterstellen zu beschäftigen und dabei insbesondere auch mit der Ganzjahresfütterung. Auslöser dafür waren v. a. folgende Zufallsbeobachtungen: Unsere Familie hält seit 1975 eine kleine Schafherde, ca. 300 m vom Dorf Billafingen (im Bodenseeraum) entfernt auf einer Streuobstwiese, die an Wiesen, Felder und Wald angrenzt. Die Schafe erhalten täglich meist zweimal eine kleine Portion Hafer, um sie handzahm zu halten. Durch Haferreste in den Futterkrippen stellten sich alsbald vom Dorf Haus- und vom Umland Feldsperlinge ein. Mit der Einrichtung einer Ganzjahresfütterung ließ sich von beiden Arten eine beständige Population aufbauen (siehe Seite 23).

Inzwischen führen wir Untersuchungen an fünf bis sechs Ganzjahresfütterungen durch: zunächst an einer vor mehr als 15 Jahren in der Vogelwarte Radolfzell angelegten, dann seit zehn Jahren an unserer Schafweide und an einer zweiten in Billafingen an unserem ca. 200 m davon entfernten Wohnhaus sowie seit 2005 an drei weiteren Futterstellen, die bei Alberweiler (einem Nachbarort von Billa-

Bergfinken als Wintergäste aus dem Norden und Osten ernähren sich im Winter meist von Bucheckern, aber vor dem Heimzug besuchen sie oft Futterstellen.

fingen) in einem abgelegenen Feldgehölz eingerichtet wurden. Alle bestehen aus Haupt- und Nebenfutterstellen. An den Fütterungen werden in einiger Entfernung Vögel regelmäßig (ein- bis dreimal monatlich) in Kunststoffnetzen gefangen und beringt. Auf diese Weise können wir die Futterstellen besuchenden Arten und Individuen quantitativ erfassen und ihr jahres- und tageszeitliches Erscheinen an den Futterstellen bestimmen. Die Wiederfänge beringter Vögel geben Aufschluss über Ortstreue, Aufbau der lokalen Population, die Überlebensrate u. a. m. Mithilfe von etwa 150 Nistkästen auf der Schafweide und in Alberweiler wird verfolgt, welche Arten und wie viele Individuen sich in der Nähe der Futterstellen ansiedeln, wie sie die Futterstellen nutzen, welchen Bruterfolg sie aufweisen usw. 2001–2003 prüfte der Tierarzt Andreas STRAUB in unserem Institut an eigens dafür eingerichteten Futterstellen bei Möggingen, ob unterschiedlicher Hygienestatus der Futterstellen („sauber": wöchentliche Reinigung, „verschmutzt": ohne Reinigung) einen Einfluss auf die Verbreitung von Krankheitserregern (pathogenen Mikroorganismen) in der Wildvogelpopulation hat. Dafür wurden Blut- und Kotproben sowie Kloakenabstriche von 1200 Vögeln 25 verschiedener Arten untersucht (siehe Seite 49).

Die wesentlichen Ergebnisse

Obwohl die wissenschaftliche Untersuchung der Zufütterung von frei lebenden Vögeln noch eine relativ junge Disziplin mit vergleichsweise mäßigem Umfang ist, hat sie dennoch inzwischen so viele, ganz überwiegend positive Ergebnisse erbracht, dass diese ausführlich nur in einer eigenen größeren Übersicht dargestellt werden könnten. Da hier Beschränkung erforderlich ist, werden sie kurz kursorisch behandelt, aber unter Angabe von Originalquellen, über die sich der interessierte Leser näher informieren kann.

Die Erfolgsstory Mönchsgrasmücke

Seit den 1960er-Jahren ziehen mitteleuropäische Mönchsgrasmücken im Herbst nicht mehr ausschließlich in den Mittelmeerraum und nach Afrika, sondern überwintern zunehmend in Großbritannien, sodass z. B. „von Oktober 2003 bis März 2004 Ornithologen in jedem dritten Hausgarten Mönchsgrasmücken an den Futterhäuschen beobachten konnten"[70]. Wir haben durch Züchtungsversuche nachgewiesen, dass die Pioniere dieser Entwicklung durch genetische Variation bedingte Abweichler von der normalen Zugrichtung waren, die früher keine Überlebenschance hatten, heute aber für ihr „Fehlverhalten" belohnt werden: Sie finden in Großbritannien ein konkurrenzarmes Winterquartier mit einer Reihe von Vorteilen, davon wohl als wichtigsten die überall in Hausgärten verfügbaren Futterstellen, die sie v. a. in der zweiten Hälfte des Winters ganz intensiv nutzen, wenn die natürliche Nahrung nicht mehr ausreichen würde[71]. Da die auf den Britischen Inseln überwinternden Mönchsgrasmücken als Erste in ihre Brutgebiete zurückkehren, brüten sie auch bevorzugt miteinander, wodurch die neuen Zuggewohnheiten und damit zusammenhängende Verhaltensweisen rasch zunehmen. Damit hat die Zufütterung der Art enorme Vorteile gebracht, die sogar zur Bildung einer neuen Vogelart beitragen könnten[70, 72].

An Bodenfutterstellen mit Fleisch und Fisch erscheinen oft Großvögel wie Bussarde, Graureiher, aber auch Kolkraben oder Adler.

Die Erfolgsstory Weißstorch

Um 1950 waren die Storchenbestände in der Schweiz und in einigen anderen Gebieten West- und Mitteleuropas ganz oder weitgehend erloschen. Dem Schweizer Vogelschützer Max Bloesch ist es durch Zurückhalten, Zucht und Ausbürgerung von Störchen gelungen, ab den 1960er-Jahren eine semidomestizierte Ersatzpopulation aufzubauen, die heute bis nach Skandinavien ausgeweitet wird. Entscheidend für den Erfolg war eine *intensive Zufütterung* der Störche, v. a. mit Eintagsküken oder Fischen – und diese ist auch heute noch der Garant für guten Bruterfolg, da die Nahrungsbasis für Weißstörche in vielen Gebieten Europas unzureichend ist. Sie stellt einen Hauptgrund für den Rückgang natürlicher Storchenpopulationen dar[71]. Wem das nicht so recht einleuchten will, der muss sich nur einmal klarmachen, dass ein Storchenpaar mit vier halbwüchsigen Jungen täglich ca. 5 kg Futter beschaffen muss!

Trotzdem lehnt eine Reihe von Vogelschutzverbänden das (weitere) Zufüttern von Störchen z. T. rigoros ab, obwohl die Notwendigkeit klar ersichtlich ist. Dazu einige Beispiele: Der NABU schreibt in seinem Storchenposter 2010 „Fast weg: der Weißstorch": „Etwa 4200 Paare des NABU-Wappentiers, nicht einmal die Hälfte des Bestandes von 1934, brüten heute in Deutschland" ... denn es „überleben immer noch zu wenige Jungvögel." Und das gewiss nicht, weil sie sich – etwa im Hinblick auf den Bevölkerungsrückgang – aus Verzweiflung das Leben nehmen, sondern weil sie in der Regel nicht ausreichend Futter bekommen, wie der fol-

Um die Population langfristig zu stabilisieren, sollten Weißstörche jährlich im Mittel etwa drei Junge aufziehen – das ist ohne Zufütterung vielfach nicht mehr möglich. Heute beläuft sich der durchschnittliche Nachwuchs oft nur auf ein oder zwei Jungvögel.

gende Fall zeigt. 2007 verursachte in Süddeutschland ein „Wettersturz" ein „Massensterben" von Jungstörchen, für das „Unterversorgung mit Futter" erkannt wurde[73]. Aber auch im Normalfall leiden Störche seit Langem zweifellos vielerorts unter erheblichem Nahrungsmangel, was ihren Rückgang beschleunigte und sich in deutlicher Abnahme des Bruterfolgs niederschlägt. So gab es in Süddeutschland bei stabiler Population bis zum Jahr 1959 2,8 flügge Junge pro Brutpaar, 1979 nur 2,3[74] und heute sind es gerade noch ca. 1,6 pro Paar[75]. Diese geringe Zahl an Nachkommen kann den Bestand nicht erhalten. Bei guter Zufütterung kamen in unserem Institut hingegen meist drei bis fünf kräftige Junge zum Ausfliegen, und ähnlich gute Ergebnisse liegen von anderen Storchenansiedlungen vor, wenn die Vögel gut gefüttert werden (z. B. vom Affenberg bei Salem). Mit dem heutigen Wissen ist auch klar: Wer mit Kunsthorsten Störche in nahrungsarme Gebiete lockt und sich dann nicht um ausreichende Versorgung der Vögel kümmert, verstößt gegen das Tierschutzgesetz. Er handelt etwa so, als würde er seinen Hund losschicken, um sich sein Futter gefälligst selbst zu beschaffen, da er ja schließlich vom Wolf abstammt, ohne Rücksicht darauf, dass heutzutage fast überall erreichbare Beutetiere fehlen. Den „Vogel abgeschossen" hat „Storch Schweiz" (2009/10, 39: 7) mit dem Beschluss, „konsequent nicht mehr zu füttern", da „pathologische Untersuchungen ... ergeben haben ... dass zusätzlich gefütterte Vögel oft unter Übergewicht und ... Verfettung ... leiden". Da fehlen einem fast die Worte, und die einem ein-

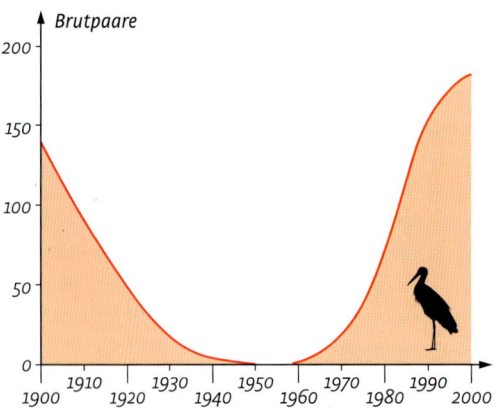

Der Weißstorchbestand in der Schweiz: Abnahme bis zum Aussterben 1950, ab 1960 Entwicklung einer eingebürgerten semidomestizierten Population

fallen, mag man lieber nicht schreiben, außer vielleicht: faule Ausreden! Denn es ist längst durch sorgfältige Studien erwiesen: Störche legen sich für Notzeiten – wenn möglich – erhebliche Fettdepots an, die sie vor Wanderungen und der Brutzeit wieder abbauen[76]. Und noch ein Letztes: Sicher ist das Anlegen von Futterteichen (mit Amphibien, Fischen) zur Unterstützung von Brutstörchen sinnvoll, aber unsere Erfahrungen im „Biotopverbund Bodensee"[30] zeigen, dass es viele Jahre dauert, bis Störche damit ausreichend versorgt sind.

Erfolgsgeschichte Sperlingsansiedlung

Über unsere Schafhaltung (siehe Seite 20), das damit zusammenhängende Auftauchen von Haussperlingen und die nachfolgende Einrichtung von Ganzjahresfütterungen ist es uns gelungen, eine Haussperlingspopulation von etwa 50 Brutpaaren neu aufzubauen. Die Vögel brüten in großen Gebäuden am Ortsrand und verbringen praktisch den ganzen Tag in der Nähe und Umgebung der beiden Fütterungen, sodass es bei uns überall „schilpt" wie auf Bauernhöfen „in der guten alten Zeit". In bis zum Dach wuchernder Klematis, riesigen Kletterrosen- und Ligusterbüschen finden sie ideale Schutz bietende Aufenthaltsplätze. In Verbindung mit Nistkästen konnten wir zudem eine Population von rund 50 Feldsperling-Brutpaaren ansiedeln – die größte weit und breit. Diese Ergebnisse mögen bescheiden erscheinen, aber sie seien hier aufgeführt, weil sie von

Während Grünlinge an den meisten Futterstellen erscheinen, sind Spatzen vielerorts so selten geworden, dass sie überall zugefüttert werden sollten.

vielen relativ leicht nachvollzogen werden können. Und bereits KRAFT[65] konnte bei mehrjähriger Ganzjahresfütterung innerhalb von drei Jahren eine Feldsperlingspopulation von einem Paar auf elf Paare vergrößern.

Die Zunahme von Vögeln in Gärten und in der Feldflur

Im Rahmen des 40-jährigen „Garden Bird Feeding Survey" in Großbritannien wurde geprüft, wie Vögel auf das ständig verfügbare Nahrungsangebot an Futterstellen reagieren. Es zeigte sich, dass von 1970–2000 bei 21 von 41 untersuchten Arten die Anzahl der an Futterstellen beobachteten Individuen *signifikant zugenommen hat* – bei einer ganzen Reihe davon erst in den letzten zehn Jahren[77]. Es kommt also zu einer Traditionsbildung, die aber z. T. erst spät einsetzen kann und Geduld erfordert. Mit der Einrichtung von Fütterungen im Feldgehölz in Alberweiler konnten wir die Anzahl anwesender Individuen von einem Winter zum anderen etwa auf das Zehnfache steigern, außerdem erschienen neue Arten wie Weidenmeise und Raubwürger.

Außer im Futterhaus oder -silo kann Futter wie Hirsekolben – im Bild mit Feldsperling – auch frei aufgehängt werden, dann aber vor Regen geschützt.

Besonders eindrucksvoll sind die Ergebnisse der Langzeit-studie von KRAFT auf 19 ha großen Untersuchungs- und Kon-trollflächen in Marburg[65]. Bei ganzjähriger Zufütterung mit reichhaltigem Mischfutter nahm die Anzahl der Arten im Untersuchungsgebiet von 1982–1984 von 44 auf über 50 zu, die der Reviere (Brutpaare) sogar von 104 über 220 auf 273! Diese Zunahme war am stärksten bei der Kohlmeise (von 5 auf 29 Paare); aber auch bei etwa zehn weiteren Arten stieg die Zahl der Brutpaare auf mindestens das Doppelte und beim Feldsperling (s. o.) auf etwa das Zehnfache an. Da alte Eichen-Hainbuchen-Bestände mit ihrem Nahrungsreichtum bekanntlich bis zu 270 Vogelpaare/10 ha beherbergen können, liegen die erzielten Bestandssteigerungen noch völlig im normalen Bereich.

Ansiedlung durch Winterfütterung

Wenn schon Futterstellen mehr Vögel in Gärten anlocken können und Ganzjahresfütterung die Brutvogeldichte erheblich zu steigern vermag, dann stellt sich natürlich die Frage: Lassen sich auch schon mit Winterfütterung mehr Vögel dauerhaft ansiedeln? Diese Frage wurde bereits früher durch Untersuchungen in Weinbaugebieten und Wäldern positiv beantwortet[7], und für Kohl- und Blaumeise sowie die amerikanische Singammer liegen eine Reihe von Untersuchungen vor, die Siedlungsdichtesteigerungen infolge von Winterfütterung belegen[65]. Positive Effekte waren auch schon 1990 dem BUND aufgefallen, sodass in einem Jahresbericht zu lesen ist: „Die Goldammern profitieren von den Fasanenfütterungen."

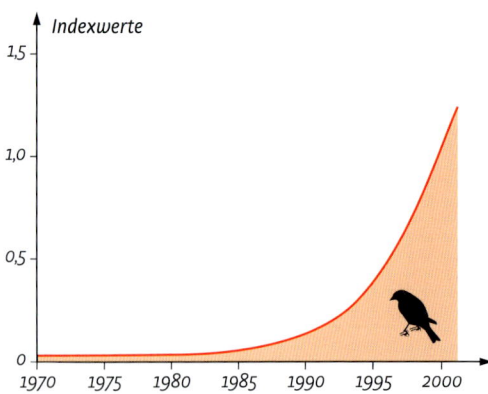

Indexwerte

Die Kurve zeigt, wie stark die Stieglitz-Besuche an Futterstellen in England zugenommen haben – aber erst mit Traditionsbildung etwa ab 1990.

Der Grünling ist zwar ein „Allerweltsvogel", aber ohne Zufütterung würde auch er sich schwertun.

Positive Auswirkungen auf die Fortpflanzung

Es lag nahe anzunehmen, dass sowohl eine in die Brutzeit hinein ausgedehnte Winter- als auch v. a. die Ganzjahresfütterung Auswirkungen auf die Brutbiologie haben könnten, weshalb sie besonders sorgfältig untersucht werden. Bisher zeichnet sich ab: Zufütterung verfrüht offenbar generell den Legebeginn. Über 15 daraufhin untersuchte Arten zeigten eine Vorverlegung der Eiablage um durchschnittlich etwa eine Woche (1–25! Tage)[66], besonders in ungünstigen Jahren in Bezug auf das natürliche Nahrungsangebot. Dadurch verlängert sich die Zeit für Jungvögel, bis zum Winter hin völlig selbstständig zu werden, und die Chancen für Ersatz- und Zweitbruten nehmen zu, was den Bruterfolg erheblich steigern kann. Verfrühte Legebeginne konnten sowohl mit energie- als auch mit eiweißreicher Zufütterung erzielt werden.

Für ebenfalls über 15 entsprechend untersuchte Arten wurde gezeigt, dass Zufütterung die Gelegegröße (Anzahl der gelegten Eier) erhöht, z. T. um bis zu 20 %[66]. Weiterhin kann zusätzliche Fütterung sowohl mit energie- als auch mit eiweißreicher Nahrung (z. B. Sonnenblumenkernen bzw. Mehlwürmern) die Eigröße steigern und die Eiqualität verbessern, wie für eine Reihe von Arten gezeigt wurde, und auch die Eiablagefrequenz kann sich erhöhen[66, 78, 79]. Alle diese genannten positiven Effekte lassen erwarten, dass Zufütterung zu mehr ausfliegenden Jungvögeln und insgesamt zu höherem Bruterfolg führen kann, wie einschlägige Studien zeigen. Voraussetzung dafür ist, dass die

Fütterung nicht zu früh in der Brutperiode abgebrochen wird[66] – sie sollte idealerweise ganzjährig stattfinden. Ob Jungvögel, die mit Vorteilen der Zufütterung aufgewachsen sind, schon allein deshalb besser überleben, leichter durch den Winter kommen und später selbst relativ höheren Bruterfolg erzielen, ist bisher nicht erwiesen[80], aber natürlich durchaus zu erwarten (siehe Seite 27). Alle Jungstare, die in der Vogelwarte Radolfzell in Außenvolieren gehalten wurden, brüteten jedenfalls bei guter Fütterung bereits im ersten statt im zweiten Lebensjahr und vergrößerten damit ihr Vermehrungspotenzial erheblich.

Mehr frei brütende Vögel durch Zufütterung

Die bisher beschriebenen Untersuchungen sind hauptsächlich an Höhlen- und Koloniebrütern durchgeführt worden. In Großbritannien wurde in letzter Zeit auch Ammern, Finkenvögeln, Sperlingen, Drosselvögeln u. a. in der offenen Feldflur im Winter zusätzliches Futter geboten, und zudem wurde die Größe der Brutpopulationen in der Umgebung der Futterstellen erfasst. Dabei zeigte sich, dass bei Heckenbraunelle, Haussperling und Goldammer ein sehr deutlicher, bei der Amsel ein deutlicher und bei der Rohrammer ein leichter Anstieg erfolgt war. Offensichtlich ist entscheidend, dass möglichst viele Individuen von Futterstellen profitieren können. Wenn das gewährleistet ist, „kann Winterfütterung bei zurückgehenden Arten den Bestand anheben" und zu einer „Schlüssel-Strategie für den Erhalt der Artenvielfalt werden" – die Zufütterung sollte daher ausgebaut werden[81].

Keine Futterabhängigkeit und kein „falsches" Futter für Jungvögel

Unsere Beringungs- und Beobachtungsergebnisse zeigen: Vögel nutzen Futterstellen im Winter – und noch mehr im Sommerhalbjahr – meist je nach Art für eine oder wenige „Mahlzeiten" am Tag (z. B. Spechte, Eichelhäher) oder für eine Reihe von über den Tag verteilten Futteraufnahmen (z. B. Meisen, Kleiber, Amsel) und gehen zwischendurch regelmäßig stundenlang auf die Suche nach natürlicher Nahrung. Überwiegende Körnerfresser wie v. a. Haussperling und Grünling verbringen insbesondere bei Schnee auch längere Zeit an Futterstellen, suchen aber bei offenem Boden ebenfalls *stundenlang* natürliche Nahrung. Feldsperling und Goldammer z. B. fressen bevorzugt vormittags und dann nochmals kurz vor Einbruch der Dunkelheit, um danach mit gefülltem Kropf zum Schlafplatz zu fliegen. Von einer „Futterabhängigkeit" im Sinne einer „Wohlstandsver-

Wer ganzjährig Fettfutter anbietet, kann in der Nähe von Mischwäldern auch mit dem seltenen Mittelspecht rechnen.

wahrlosung" kann somit überhaupt keine Rede sein, was auch frühere Untersuchungen deutlich gezeigt haben[7, 65]. Wie jede systematische Beobachtung schnell erkennen lässt, füttern weder Meisen noch Stare und nicht einmal Körnerfresser wie Haus- und Feldsperling ihre Jungen einfach mit „falschem" Futter von Futterstellen, auch wenn das im Überfluss vorhanden ist, sondern überwiegend mit oft mühsam gesammelter tierischer Nahrung (Insekten, Spinnen, Schnecken u. a.). Häufig ist der Fall, dass Altvögel (Meisen, Stare, Grasmücken u. a.) *zwischen den Fütterungen ihrer Jungen selbst* energiereiche Nahrung an Futterstellen – sehr gern von Meisenknödeln – aufnehmen. Das hilft z. B. Staren, das heutzutage oft nur mit viel Aufwand in großer Entfernung von der Nisthöhle zu erreichende Nestlingsfutter (vielfach Larven der Wiesenschnake) überhaupt in einigermaßen ausreichender Menge für eine erfolgreiche Jungenaufzucht zu beschaffen (siehe auch Seite 59).

Das leuchtend rote Gimpelmännchen gehört zu den beliebtesten Erscheinungen an Futterstellen. Hoffentlich nehmen die Gimpelbestände durch Fütterung wieder zu.

Genaue Studien an Kohl- und Blaumeisen haben ergeben, dass bis zu etwa 15 % der Nestlingsnahrung von Futterstellen stammen können[82]. Das ist unbedenklich bis *positiv* zu sehen, wenn man bedenkt, dass viele Arten bei Insektenmangel sonst Beeren verschiedener Art verfüttern, z. T. in großen Mengen[83]. Da Beerenfütterung Jungvögeln zwar die Mägen füllt, aber nur sehr wenige Nähr- und Aufbaustoffe zuführt[64], ist Zufüttern von nahrhaften Futtermitteln an Futterstellen ohne Zweifel als vergleichsweise *vorteilhaft* zu sehen.

Natürlich mag es vorkommen, dass Meisen und andere Arten bei Insektenmangel auch gelegentlich wirklich falsches Futter an ihre Jungen verfüttern, wie z. B. Leberwurstreste, die unsinnigerweise in ein Futterhaus gelegt worden sein mögen. Aber an derartigem Futter werden die wenigsten Jungvögel sterben. Wie jeder erfahrene Vogelhalter von der Handaufzucht her weiß, wird ungeeignetes Futter von Jungvögeln häufig rasch ausgeschleudert – etwa salzhaltige Nahrung oder Quark, wenn er säuert. Weit mehr Jungvögel sterben, wenn in Hausgärten ständig mit Giftspritzen herumgewerkelt wird, etwa an Rosensträuchern oder Stauden oder wenn Gifte gegen Schnecken, Ameisen und sonstiges „Ungeziefer" ausgebracht werden, noch dazu häufig unsachgemäß und im Übermaß. Damit kann leicht natürliche Nahrung für Jungvögel kontaminiert werden, die ihnen dann rasch den Tod bringt.

Keine Ausfälle durch Zufütterung

Zwei Fakten belegen klipp und klar, dass Vogelverluste an Futterstellen, die durch das Füttern verursacht werden könnten, äußerst gering sein müssen: zum einen die ständig, auch über Jahre zunehmende und nicht etwa abnehmende Anzahl von Futterstellenbesuchern[65] und zum anderen die hohe Wiederfangrate von an Futterplätzen beringten Vögeln. Sie liegt bei unseren Beringungsprogrammen häufig in einer Größenordnung von über 50 % und zeigt, dass die Zusammensetzung von Futterstellen besuchenden Populationen aus jungen, alten und sehr alten Individuen dem Altersaufbau normaler Populationen entspricht, die nicht zugefüttert werden.

Selbst die tierärztlichen Untersuchungen (siehe Seite 49) ergaben keinerlei Hinweise auf irgendeine Verbreitung pathogener Keime an Futterstellen, auch nicht in der warmen Jahreszeit und wenn der Futterplatz nicht sauber gehalten wurde. Damit dürften subletale Infektionen ebenso die Ausnahme sein wie seuchenartige Ausfälle, etwa durch Salmonellen und andere Erreger (siehe Seiten 49 und 63). Das ist auch nicht verwunderlich, da Vögel aufgrund ihrer Konstitution zweifach gut geschützt sind: Zum einen gewährleistet ihre permanent hohe Körpertemperatur (bis ca. 45 °C![71]) – wie bei uns ausnahmsweise Fieber – einen hohen Infektionsschutz, und zum anderen haben sie ein sehr gut funktionierendes Immunsystem.

Fazit: Viele positive Effekte

Die Winter- und noch weit mehr die Ganzjahresfütterung bringt vielen Vogelarten *eine ganze Palette von Vorteilen, ohne sie dabei zu gefährden*. Mit der Ausweitung v. a. der ganzjährigen Fütterung werden künftig hoffentlich noch weit mehr Individuen und Arten erreicht werden, was in wünschenswerter Weise dazu führen könnte, dass z. B. da und dort die Feldsperlinge wieder zunehmen, infolge der Klimaerwärmung immer früher aus dem Winterquartier heimkehrende Zugvögel Nachwintereinbrüche gut überstehen, Stare ihre Jungen wieder leichter aufziehen können oder Stieglitze eine so erfreuliche Bestandserholung zeigen wie derzeit in Großbritannien usw. Wenn bei der Zufütterung von Wildvögeln künftig Einschränkungen zu machen sind, dann lediglich in Bezug auf die Futterqualität, die Darbietung des Futters und – aus Sicherheitsgründen – in puncto Hygiene. Alle diese Erfordernisse lassen sich jedoch leicht erfüllen, wie ab Seite 38 gezeigt wird.

Viele neue Forschungsergebnisse – durchweg positiv

Seit Erscheinen der 1. Auflage dieses Buches ist eine Reihe von neuen Arbeiten erschienen, die wiederum belegen: Zufüttern kann allgemein die Vogeldichte erhöhen – in unseren Breiten sowie in Australien, Indien oder Neuseeland[84–87] –, ebenso die Dichte von Brutvögeln[88, 89], und es kann gebietsweise den Rückgang von Arten stoppen oder gar umkehren[90].

Ersteres ist auch dem LBV aufgefallen: Die Wintervogelzählung im Bereich von Futterstellen erbringt über 30 % mehr Vögel. Weiterhin kann Zufütterung einen früheren Legebeginn bewirken und dadurch zu weiteren Bruten und insgesamt mehr Nachkommen – also besserem Bruterfolg – führen[88, 91–93]. Als Beispiel: In einem großen Freilandversuch wählten Robb und Mitarbeiter[93] in Irland zehn Waldflächen von 12–14 Hektar Größe als Versuchsgebiete und zehn entsprechende Waldgebiete als Kontrollflächen aus. Auf Ersteren wurden die Vögel den Winter hindurch an Futterstellen mit Zusatzfutter versorgt. Als Versuchsvögel dienten Blaumeisen. Auf den Versuchsflächen legten die Meisen 2,5 Tage früher Eier und brachten im Mittel pro Brut einen Jungvogel mehr zum Ausfliegen. Der höhere Bruterfolg wird auf die bessere Nährstoffversorgung sowohl der Alt- als auch der Jungvögel zurückgeführt. Wie wichtig eine stets ausreichende gute Nahrungsgrundlage ist, zeigen weitere Untersuchungen: Futterstellen vermindern die Wintersterblichkeit bei amerikanischen Zaunkönigen und wohl auch deren Wegzug[87]; bei Junkos reduzieren sie die Aktivität im Winter, was zu kleineren Aufenthaltsgebieten führt[94] und damit zu besserem Energiehaushalt (siehe Seite 57). Bei amerikanischen Meisen und anderen Arten kann Zufüttern ebenfalls die Wintersterblichkeit senken, die Kondition verbessern, zur Besiedlung neuer Gebiete und weniger bevorzugter Habitate führen und bei Invasionsvögeln wohl auch die Zugwege verkürzen[95]. An Kohlmeisen wurde gezeigt, dass Nestlingen mit relativ hohem Gewicht (das sie erreichen können, wenn Elternvögel infolge von Zufütterung ausreichend Nahrung zu beschaffen vermögen) später in ihren eigenen Bruten ebenfalls relativ schwere Jungvögel und hohen Bruterfolg aufweisen[96]. Zufüttern wirkt sich somit positiv bis in weitere Generationen aus. Auch bei amerikanischen Waldsängern ergab sich, dass der Fortpflanzungserfolg in erster Linie vom Nahrungsangebot abhängt – das wir in vielen Fällen durch Zufüttern (indirekt) verbessern können – und in geringerem Umfang von Feinddruck u. a.[97]. Müssen Jungvögel bei schlechter Versorgung durch ihre Eltern mit sogenannten Hungerstreifen in ihren Federn ausfliegen, werden sie deutlich häufiger Opfer von Greifvögeln als Artgenossen mit normalem Gefieder[98]. Wurden Haussperlingen während der ganzen Brutperiode Mehlwürmer zugefüttert (als Eiweißquelle), brachten sie deutlich mehr Junge zum Ausfliegen als Kontrollvögel[99]. Sicher ein kostspieliges Verfahren, aber empfehlenswert für diejenigen, die die Mittel dafür aufbringen können.

Auf unserer Versuchsfläche in Billafingen konnten wir durch Zufüttern die Brutvogeldichte in Nistkästen (v. a. Meisen, Feldsperlinge) deutlich steigern (Abbildung Seite 53). Trotzdem finden wir in den Nestern so gut wie keine toten Jungvögel mehr auf – ein sicherer Beleg dafür, dass die Brutvögel keinesfalls aus „Bequemlichkeit falsches Futter" an ihre Jungen verfüttern, wie immer wieder argumentiert wurde (siehe Seite 18).

Mit einer besonderen Art von Zufüttern – der sogenannten „Ablenkungsfütterung" – werden interessante Wirkungen erzielt: Mit großflächig ausgebrachten Maiskörnern kann man Kraniche davon abhalten, in Feldern mit aufkeimender Getreideaussaat Schäden anzurichten, und mit dem Zufüttern von Kornweihen lassen sich in Großbritannien Bestände von Moorschneehühnern schonen[100].

Hochinteressante Ergebnisse ergab eine vergleichende Studie an Kohlmeisen und Trauerschnäppern. Brüteten beide

Flügge junge Haussperlinge – von ihren Eltern ans Futterhaus geführt – machen dort wohlbehütet oft ein Nickerchen, wenn das Bäuchlein gut gefüllt ist.

in enger Nachbarschaft, brachten Kohlmeisen weniger Junge zum Ausfliegen, und die Schnäpper hatten schwerere Nestlinge[101]. Bei der Dominanz der Meisen hätte man eher das Umgekehrte erwartet. Wenn auch die genauen Zusammenhänge dafür noch unklar sind, zeigt das Beispiel dennoch: Das Zufüttern von Kohlmeisen im Winter und deren eventuell erhöhte Dichte im Frühjahr müssen später eintreffenden Zugvögeln wie Trauerschnäppern nicht notwendigerweise zum Nachteil gereichen, wie bisweilen argumentiert wird (siehe Seite 19).

Erwähnt werden muss auch eine für den Fachmann und Kenner der Literatur naheliegende Beobachtung, die aber bei einigen wohl überraschten Forschern und im Gefolge Sensationen witternden Medienvertretern seltsam bis absurd diskutiert wurde. Die simple Feststellung: Zugefütterte Kohlmeisenmännchen fangen morgens später an zu singen[102]. Die Kette von Schlussfolgerungen: verändertes Revierverhalten – eventuell weniger überwachte und damit untreue Weibchen – vielleicht Auswirkungen auf den Fortpflanzungserfolg – und deshalb zur Vorsicht „spätestens Ende März mit dem Füttern aufzuhören, damit die Tiere im April ungestört dem Brutgeschäft nachgehen können" (z. B. „Gefiederte Welt" 2011: 5). Schlimmer geht's nimmer! Seit vielen Jahrzehnten wissen wir, dass gut genährte Vögel weniger und hungrige mehr aktiv sind – für die Hyperaktivität Letzterer wurde sogar der Terminus technicus „Hunger-

Viele Arten wie Blaumeisen müssen in der Brutzeit mit der Aufzucht der Jungen die härteste Arbeit im Jahr leisten – dafür ist auch im Sommerhalbjahr der Meisenknödel der beste Energiespender.

unruhe" geprägt. Sie bewirkt z. B., dass magere Zugvögel in Rastgebieten von früh bis spät weit umherstreifen, während zugfette Artgenossen schon nachmittags „Nickerchen" machen[71].

Weiter ist bekannt, dass Stadtvögel im Winter bei günstigeren Umweltbedingungen morgens später an Futterstellen erscheinen als Vögel auf dem harscheren Lande[103]. Freuen wir uns also, wenn gut gefütterte Kohlmeisenmännchen morgens etwas länger schlafen können als hungrige – das ist normal, sicher der Kondition förderlich (siehe Seite 57) und zudem ungefährlich. Zunächst einmal ist nämlich davon auszugehen, dass auch gut gefütterte Weibchen länger schlafen (was wir aus Erfahrung bestätigen können) und deswegen kaum vermehrt „fremdgehen" dürften. Und wenn schon: Das ist bei den meisten Singvögeln und gerade auch bei Meisen normal! Tannenmeisen z. B., die vorwiegend im Nadelwald leben und von Futterstellen kaum beeinflusst werden, ziehen in ihren Bruten im Durchschnitt über 80 % (!) uneheliche Jungvögel infolge „Fremdgehens" auf, obwohl die Eltern in enger Paarbindung leben[104]. Also: Viel Geschrei um nichts, v. a. im Hinblick auf die enormen nachgewiesenen Vorteile, die gerade auch Kohlmeisen durch Zufüttern erfahren – von höherer Siedlungsdichte bis zu besserem Bruterfolg selbst in nachfolgenden Generationen (siehe oben und Seite 20 ff.). Und – Ironie des Schicksals: An Blaumeisen wurde soeben nachgewiesen, dass sie in Städten – bedingt durch Kunstlicht – im Mittel 80 Minuten früher (!) zu singen anfangen als unter natürlichen Bedingungen (MPI für Ornithologie, Welt am Sonntag, 17. 07. 2011).

Und nun eines der schönsten Beispiele für Fütterungserfolge. Auf Seite 24 und 40 haben wir berichtet, wie es in Großbritannien gelang, die selten gewordenen Stieglitze mit speziellen Sämereien wieder stark zu vermehren. Und nun erfahren wir: Im Winter 2008/09 hat der „Distelfink" die Liste der „Top 12"-Arten der Futterstellenbesucher erreicht (GBFS, Seite 17) – großartig! Das wäre auch ein Traumziel für die nun auch bei uns stetig zunehmende Ganzjahresfütterung.

Abschließend zu den Forschungsergebnissen: Bisher ist kein einziges wissenschaftlich begründetes Argument aufgeführt worden, das gegen das angemessene Zufüttern von wild lebenden Vögeln einschließlich der Ganzjahresfütterung spräche, noch ist einer der vielen guten Gründe dafür, die wir aufgelistet haben, entkräftet worden. Damit können wir uns nun wohlgemut der Praxis zuwenden.

Die Praxis: Anlage von Futterstellen zur Winterfütterung

Obwohl nicht sehr von der Ganzjahresfütterung verschieden, werden hier zunächst die Verhältnisse der Winterfütterung besprochen, die bei vielen Vogelfreunden, zumindest zu Beginn, die Regel sein wird.

Als Erstes ist zu sagen: Vögel lassen sich nahezu überall mit Futter versorgen, auch im Häusermeer der Großstadt und an relativ hohen Häusern. Der ideale Platz für eine Futterstelle ist allerdings der Hausgarten, und der ist optimal, wenn er sich in Ortsrandlage, in Verbindung zu Streuobstwiesen, Gebüschzonen und Wald befindet. Gleichermaßen günstig sind Futterplätze z. B. in Schrebergärten oder, etwa von Vogelschutzverbänden unterhalten, in Parks, Vogelschutzgehölzen oder in der Nähe von Friedhöfen. Natürlich eignen sich durchaus auch Hausterrassen, Balkone, Wintergärten usw. – diese jedoch umso besser, je näher sie zu Gärten, Wald oder sonstigem Bewuchs gelegen sind. Je mehr natürlicher Lebensraum sich um Futterstellen herum befindet, desto mehr Arten und Individuen werden sie nutzen. Den eigenen Hausgarten kann – oder besser: sollte – man möglichst um die Futterplätze herum zu einer regelrechten Oase für Vögel und andere Tiere gestalten (siehe Seite 65), in der Futterstellen dann das i-Tüpfelchen sind. Einige grundsätzliche Dinge sind bei der Anlage von Futterstellen zu beachten. Zu vermeiden ist die Nähe von stärker befahrenen Straßen sowie von größeren, gegen Vogelanflug ungeschützten Fensterscheiben (die jedoch durch Fliegengitter gegen Vogelschlag gesichert werden können). Sehr günstig ist die Nähe von Bäumen und v. a. Büschen, die idealerweise in Zuleitfunktion von mehreren Seiten auch mehr versteckt lebenden Arten wie Zaunkönig, Grasmücken, Laubsängern u. a. den Zugang zum Futter sehr erleichtern. Dabei ist lediglich Sorge zu tragen, dass Katzen keine gute Deckung in unmittelbarer Nähe von Futterstellen finden und diese, wenn nicht erwünscht, auch nicht allzu leicht von Eichhörnchen erreicht werden können. Wer genügend Platz zur Verfügung hat, der sollte unbedingt *mehrere* Futterplätze anlegen: Mit einer Reihe von Futterspendern kann man weit mehr Arten und Individuen dienen als mit nur einem einzigen Futterhäuschen. Mehrere Anlagen vermindern zudem die Konkurrenz und den Einfluss von Räubern und vereinfachen Hygienemaßnah-

Ein Beispiel für die Vielzahl von Futterglocken – im Bild mit Blaumeise. Sie eignen sich gut beispielsweise für den Balkon oder als Nebenfutterstellen.

men. Ein Futtersilo und Meisenknödel am Balkon z. B. erleichtern uns die Beobachtung von Wintergästen; Futterstellen im Garten hingegen werden von Vögeln lieber aufgesucht. Sinnvolle Kombinationen von Futterspendern werden auf Seite 34 beschrieben.

Mit welchen Arten und wie vielen Vögeln ist zu rechnen?

Sichere Voraussagen, wie viele Arten und Individuen an eine bestimmte Futterstelle kommen werden, sind von vornherein nicht zu machen. Dazu sind die dafür verantwortlichen Faktoren meist zu wenig bekannt, so etwa, wie viele Vögel in der näheren und weiteren Umgebung leben, wie schnell sie zu einer neuen Futterstelle gelangen können oder wie weit sich in der Nähe schon andere Futterplätze befinden, an die sich Vögel bereits gewöhnt haben. Jedoch sind mehr oder weniger grobe Abschätzungen möglich, und die sind sinn- und wertvoll im Hinblick auf die

Bei regelmäßiger Fütterung lassen sich auch die winzigen Wintergoldhähnchen an Futterstellen gewöhnen.

Bereitstellung der Menge und Art von Futter, die Kosten, die durch die Fütterung entstehen können, und den Umfang an besonderen Erlebnissen, die zu erwarten sind. Dabei bleibt die Einrichtung einer Futterstelle zu einem Gutteil ein Abenteuer, das auch noch immer nach Jahren wieder große Überraschungen bringen kann, etwa wenn im Zuge einer Invasion erstmals Seidenschwänze am Futterhaus auftauchen, ein Schwarzspecht Meisenknödel zerfleddert oder ein Merlinfalke erscheint, um Kleinvögel zu jagen. Aber betrachten wir zunächst den Normalfall. In der Innenstadt wird man im Winterhalbjahr mit bis zu etwa 15 Arten rechnen können – neben Kohl- und Blaumeise, Haussperling, Grünling und Amsel v. a. mit Kleiber, auch Buntspecht, Türken- und Ringeltaube, ferner Star sowie Rotkehlchen, Hausrotschwanz, Heckenbraunelle und Mönchsgrasmücke, z. T. auch Buch- und bei Invasionen Bergfink. Im Außenbereich kann die Artenzahl deutlich höher bei 20–50 Arten liegen[105]. In Großbritannien beträgt die durchschnittliche Anzahl der im Winter Futterstellen besuchenden Arten in Gärten im Stadtbereich etwa 17–21 Arten, auf dem Lande 20–23, die jährlichen Maxima liegen bei 34–46 Arten. Insgesamt wurden in Großbritannien von 1970–2005 an Futterplätzen jedoch 165 Arten registriert[11, 53], bis 2009 sogar 175 Arten, darunter Raritäten wie Wanderfalke und Zwergtaucher. Der am besten besuchte Garten wies in einem Jahr 59 Arten auf![106]

Manche Arten gewöhnen sich jetzt erst an Futterstellen wie der Birkenzeisig[107], oder Goldhähnchen lernen, von Erd-

nüssen zu fressen[108] (siehe auch Seite 63). Wir beobachten an unseren Futterstellen im Jahr etwa 40 Arten und registrierten bisher über die Jahre insgesamt 72 Arten, bis 2011 sogar 82. KRAFT[65] stellte an seiner Ganzjahresfütterung 61 Arten fest, darunter auch Grünspecht, Baumpieper, Heidelerche, Neuntöter, Gartengrasmücke, Fitis und Karmingimpel, später sogar 88 Arten[88].

Nun zu den Individuen: In der Innenstadt kommen – je nach der Größe der Brutpopulationen im Häuser-, Park-

Jahrelange Ganzjahresfütterung lockt immer wieder auch neue Arten zu Futterstellen, wie in England den Birkenzeisig.

Der heute bekannteste und beliebteste Fettfutterspender ist der Meisenknödel, vom Kleiber auch kopfüber hängend bearbeitet.

Eine Kokosnuss – der geeignete Spender für Fettfutter, das man aus Rindertalg herstellen kann; Bild mit Sumpfmeise.

oder Friedhofsbereich – an normalen Tagen oft nur ein paar Dutzend Vögel an Futterstellen und im Jahresverlauf insgesamt nur bis zu etwa 100 Individuen. Im Außenbereich können die Werte um ein Vielfaches höher liegen. So wird nach unseren Beringungsergebnissen unsere Futterstelle bei Schloss Möggingen jährlich von mindestens 1000 Vögeln besucht, darunter ca. 350 Kohlmeisen, je 150 Grünlinge und Blaumeisen, 90 Feldsperlinge, je etwa 50 Sumpfmeisen und Goldammern, aber auch etwa fünf Haubenmeisen. An unseren Futterplätzen in Billafingen und Alberweiler stellen sich jährlich jeweils Tausende von Individuen ein, dabei an einzelnen Tagen mit geschlossener Schneedecke weit über 1000, darunter je über 100 Goldammern, Stare, Zeisige, Buch- und Bergfinken, Kohlmeisen, Haus- und Feldsperlinge, je 30 Amseln und Blaumeisen, aber auch zwei bis drei Sperber, bis zu 25 Mäusebussarde und zwei Kolkraben (an ausgelegten Rinderherzen), ferner bis zu fünf Eichelhäher, weitere Meisenarten wie die Weidenmeise, Kleiber, Baumläufer, mehr als zehn Spechte, weitere Finkenvögel einschließlich Kernbeißer, Gimpel und Stieglitz u. a. Diese hohen Zahlen erklären sich damit, dass im Außenbereich mit relativ geringer Futterplatzdichte einzelne Futterstellen einen großen Einzugsbereich haben. Er kann, wie Beringungs- und Telemetriestudien zeigen, im Normalfall mehrere Kilometer betragen[7, 61, 109] und sich nach unseren Erfahrungen, z. B. bei Schneeflucht, auf über 5 km ausdehnen. Dann können sich Futtergäste aus einem Umfeld von über 25 km^2 einstellen. Zudem können Vögel aus noch größeren Entfernungen kommen, die sich einen Futterplatz von früheren Besuchen her „gemerkt" haben (siehe Seite 46)[10].

Bei Nachwintereinbrüchen mit Schneelage und Zugstau können an einer Futterstelle bisweilen auch über 1000 Stare gleichzeitig einfallen, und die benachbarten Baumwipfel können „schwarz" sein durch weitere Anwärter. Dazu gesellen sich u. U. auch noch viele Drosseln, Bachstelzen usw. Um eine Vorstellung zu bekommen, wie viele Vogelbesuche an einem Tag an einer Großfutterstelle stattfinden, haben wir den Ornithologen und Ökologen M. Sindt gebeten, an unserer Fütterung am Schafstall in Billafingen an zwei halben Tagen (20. Juli 2011, von 5–13 Uhr, und 25. Juli 2011, von 13–21 Uhr) sämtliche Futterstellenbesuche zu registrieren. Es ergaben sich bei insgesamt 19 Arten 4234 bzw. 3622, also für 16 Stunden 7856 Besuche! Die größte Anzahl gleichzeitig anwesender Individuen waren 93 Feldsperlinge. Diese kurzen Ausführungen zeigen schon: Futterstellenbesuche können von Jahr zu Jahr, jahreszeitlich oder auch von einem Tag zum anderen enorm schwanken und sind auch nur in beschränktem Maß vorhersehbar (siehe auch Seite 47).

Kommen derartig viele Vögel an Futterstellen, dann müssen an manchen Tagen mehrere Kilogramm und im Jahresverlauf viele Zentner Futter bereitgestellt werden, wenn sie alle gut versorgt werden sollen. Das sollte man sich klarmachen, bevor man größere und v. a. ganzjährig betriebene Futterstellen anlegt, für die es dann auch guter Vorausplanung bedarf (dazu mehr ab Seite 42).

Die Lage von acht Goldammer-Streichgebieten in Beziehung zu einer zentralen Futterstelle („Feeder", gelbe Glocke), ermittelt durch Telemetrie: Die Punkte kennzeichnen die Revier-Zentren und den ungefähren Neststandort.

Von wie weit her kommen Vögel zur Futterstelle?

Für die Anlage von mehreren oder vielen Futterstellen in größeren Gebieten stellt sich die Frage nach sinnvollen Abständen. Für ihre Beantwortung sollte man den Einzugsbereich kennen, aus dem Vögel im „normalen Alltag" Futterstellen aufsuchen. Das gilt v. a. für die Brutzeit, in der Zufütterung besonders wichtig ist (siehe Seite 57) und in der Kleinvögel in der Regel feste Reviere von meist weniger als einem Hektar Fläche bewohnen, wobei das Streifgebiet („home range") deutlich größer sein kann.

Bei der Mönchsgrasmücke z. B. können auf einem Hektar Auwald bis zu acht Brutpaare Reviere gründen, das Streifgebiet der Paare hingegen kann mehr als fünf Hektar groß sein[110], und ähnlich sind die Verhältnisse bei vielen anderen Vogelarten[111]. An unserer Waldfutterstelle in Alberweiler (siehe Seite 20) haben wir bei Beringungsaktionen von April bis Juni – also in der Brutzeit – überraschenderweise an einem Vormittag bis zu 31 Goldammern gefangen, überwiegend Männchen. Da in dem Feldgehölz von nur einem Hektar Fläche höchstens fünf Paare Goldammern brüten und die Umgebung aus Wiesen und Feldern besteht, müssen die zur Brutzeit durchweg territorialen Vögel regelmäßig aus größerer Entfernung zur Futterstelle kommen. Um die genauen Distanzen zu bestimmen, wurden am 16. April 2010 acht Goldammer-Männchen an der Futterstelle gefangen und mit Minisendern (von 0,3 g Gewicht) ausgerüstet. Kurz vor Einbruch der Dunkelheit, wenn die Vögel in ihre Reviere und, wenn vorhanden, in die Nähe ihrer Nester – also „nach Hause" – zurückgekehrt sind, wurden die Sender von einem Kleinflugzeug der Vogelwarte Radolfzell (M. Wikelski) aus geortet. Die durchschnittliche Entfernung von den georteten Ruheplätzen in den Revieren zur Futterstelle betrug 1,25 km, die maximalen Werte (Vogel 4 und 5 in der Karte auf Seite 32) betrugen 2,1 bzw. 1,6 km. Um zur Futterstelle zu gelangen, mussten diese Vögel z. T. mehrere andere Wäldchen und verschiedene Feldfluren mit sicherlich etlichen weiteren Goldammer-Revieren überqueren. Nimmt man an, dass die Reviere zentral in den potenziellen Streichgebieten der Vögel liegen, betragen die Durchmesser dieser Gebiete das Doppelte der gemessenen Strecken. Und damit ist wahrscheinlich, dass Vögel auch aus Entfernungen bis gegen 5 km die Futterstelle aufsuchen, zumal bei acht untersuchten Vögeln sicherlich auch noch nicht die maximal möglichen Distanzen erfasst wurden.

Futtersilos sind ideale Futterspender – sie bieten sauberes Futter, das wenig verstreut wird. Mit Sitzstangen, besser Sitzringen, nutzen sie auch Feldsperlinge.

Für die Zeit zwischen Brutperiode und der winterlichen Aktivitätsreduktion (siehe Seite 57) sind dann noch größere Entfernungen wahrscheinlich, wenn die Vögel weiter umherstreifen. Und bei Kurzstreckenzug und Winterflucht[71] ist nochmals mit einem erheblich größeren Einzugsgebiet zu rechnen (siehe Seite 31). Für die Praxis heißt das: Großfutterstellen für viele Arten und Individuen können durchaus mehrere Kilometer voneinander entfernt liegen und dennoch viele Vögel mit Nahrung versorgen.

Die besenderten Ammern wurden nicht nur vom Flugzeug aus geortet, sondern auch über ein Registriergerät an der Futterstelle individuell erfasst. Dabei zeigten sich große Unterschiede von vielen über einige wenige tägliche Besuche der Futterstelle bis hin zu nur einem Besuch alle paar Tage. Ganz ähnlich verhalten sich andere Arten, wie z. B. Hauben- und Tannenmeisen, die oft nur abends vor dem Schlafengehen Erdnussspender oder Meisenknödel aufsuchen, z. T. auch frühmorgens. Es wird spannend sein, die Ursachen dafür z. B. in Bezug auf das Nahrungsangebot im Revier, das Brutstadium u. a. m. zu ermitteln.

Die Futterspender

Der bekannteste und am weitesten verbreitete Futterspender für Wildvögel ist das Futterhaus „im Landhausstil" – ein Futterbrett, das auf Säulen ein an den Seiten überstehendes Spitz- oder Flachdach trägt[4]. Es leitet sich vom früheren sogenannten „Hessischen Futterhaus" und dessen Vorläufern ab und ist in so vielen Formen variiert worden über Futterkästen, -lauben oder -krippen bis hin zu mehrstöckigen, an Schlösser oder Taubenhäuser erinnernde Bauten, über die ganze Bücher, z. T. mit Bauanleitungen[3, 112], geschrieben worden sind.

Da eine ganze Reihe von Arten nur schwerlich bis gar nicht Futterhäuser anfliegen oder in sie hineinschlüpfen und die Häuser relativ oft gesäubert werden sollten (siehe Seite 49), hat man schon seit Langem versucht, Vögeln Futter auch anders anzubieten. Dafür verwendete man früher Futterglocken, -tröge, -eier, -flaschen, -pilze, -dosen, -galgen, -hölzer, -steine oder ganze Futterbäume[6, 113], z. B. ausgediente Weihnachtsbäume, die mit Fettfutter bestrichen wurden. Aus derartigen Futterspendern und einer geradezu gigantischen Futtersäule „Antispatz", die 2,8 m hoch war und ca. 500 kg wog (!)[6], entwickelten sich die modernen Futtersilos in Kasten-, Haus- oder überwiegend Säulenform. Diese Futterautomaten mit nach unten nachrutschendem Futter beugen der Vergeudung von Futter vor, sind weitgehend sicher vor Eichhörnchen und Großvögeln wie Krähen und Elstern und halten das Futter frei von Verkotung. Futtersäulen sollten unbedingt seitlich herausstehende, ge-

Die ideale Futterstelle: großes Futterhaus, gut überdacht, mit Futterbrett sowie Futtersilo, Fettknödeln und -ringen, Erdnuss-Spender und anderem.

Stieglitze lassen sich nicht nur in England, sondern auch bei uns in großer Zahl an Futtersilos gewöhnen, wenn sie das richtige Futter enthalten.

eignete Sitzgelegenheiten (-stangen, besser: -ringe) haben, damit sie auch von weniger klettergewandten Arten wie Hänfling, Stieglitz, Kernbeißer usw. gut genutzt werden können. Die dritte Möglichkeit, Futter zu bieten, besteht in geformtem Fett, das meist Sämereien, z. T. auch getrocknete Insekten, Beeren, Kleie usw. einschließt. Von früher her hat sich der Meisenring gehalten, heute sind v. a. Meisenknödel populär, z. T. auch Nuss-Stangen oder Futterblöcke, die in Futterhäuschen gelegt werden können. Für das Anbieten von Meisenknödeln sind sogenannte Futterfedern aus Federstahl sehr zu empfehlen. In ihnen kann man bis zu sechs Knödel aufhängen, ohne dass sie von Krähen, Eichhörnchen u. a. zerstört oder weggetragen werden können (Abbildung Seite 39). Ähnlich geeignet sind auch Gittersilos. Die optimale Fütterung umfasst eine *Kombination von Futterhaus*, säulenförmigen *Futtersilos* einschließlich *Erdnuss-Spender* mit Außengitter sowie *Fettknödeln* oder anderweitig geformtem Fettfutter wie Energiekuchen (siehe Seite 40) oder Fettglocken. V. a. im Außenbereich wie Garten oder Park gehört dazu unbedingt auch eine *Bodenfütterung* (z. B. „Schütte"), da viele Arten, wie v. a. Goldammer, Lerchen, viele Buchfinken und natürlich Reb-, Teichhuhn u. a., meist nur dort ihr Futter aufnehmen. Wenn das Futter dabei gelegentlich feucht wird, macht das nichts, solange es nicht schimmelt – viele Arten bevorzugen etwas aufgeweichte oder gar ankeimende Sämereien.

Wer ausreichend Platz hat, sollte die genannten Futterspender über einen größeren Bereich verteilen, sodass mehrere Futterstellen entstehen. Das erleichtert Vögeln die Nahrungsaufnahme und das Sauberhalten kleinerer Plätze.

Das ideale Futterhaus

Von allen Futterspendern ist das „gute alte" Futterhaus nach wie vor bei Vögeln wie Fütterern sehr beliebt und – wenn richtig gebaut – auch nach wie vor am besten geeignet. Futtersilos haben zwar wegen ihrer hygienischen Eigenschaften Vorteile, aber auch in sie kann durch vom Wind gepeitschten Regen Wasser seitlich durch die Öffnungen ins Futter gelangen, das dann dort kaum abtrocknet und u. U. zu Schimmelbildung führt. Und viele Vögel tun

Eine bestens bewährte Fettglocke: ein Blumentopf, gefüllt mit Fettfutter und einem Ast zum Anflug für Spechte und andere.

sich mit Silos schwer, während sie am Futterhaus mühelos an Nahrung gelangen. Der Hauptvorteil von Silos besteht zweifellos in der Vorratsfütterung (siehe Seite 55).

Leider ist bei der Fülle von angebotenen und zum Eigenbau vorgeschlagenen Futterhäusern (oder oft viel zu kleinen -häuschen) häufig weder für den Laien noch selbst für den Fachmann sicher zu beurteilen, was wirklich für Vögel gut geeignet ist oder lediglich mehr oder weniger hübsch aussieht und im Übrigen viele Nachteile aufweist. Deshalb hier unser Tipp für ein ideales Futterhaus, das wir vor 20 Jahren entwickelt und soweit sinnvoll weiter verbessert haben. Es ist für von vielen Vögeln (bis zu Hunderten pro Tag) besuchte Futterstellen gedacht, also Fütterungen im Hausgarten, Wald, Schrebergarten, in Parks, auch auf Terrassen, weniger jedoch auf kleinen Balkonen an hohen Häusern.

Das ideale Futterhaus ist aus preiswertem Material leicht selbst zu bauen, lange haltbar, pflegeleicht, bei fast allen infrage kommenden Vogelarten vom Goldhähnchen bis zu Tannenhäher, Schwarzspecht oder Turteltaube sehr beliebt, kann im Bedarfsfall über 25 kg Streufutter bereithalten und von vielen Vögeln gleichzeitig besucht werden, ohne dass sie sich ins Gehege kommen.

So bauen Sie das ideale Futterhaus

Diese Bauteile benötigen Sie für die Konstruktion dieses Futterhauses, das auf Seite 55 abgebildet ist:
Bodenplatte 75 x 75 cm und Dach 1 m x 1 m (zum allseitigen Überstehen von gut 10 cm), beide aus 1 cm starkem wasserfestem Sperrholz
4 Vierkanthölzer (als Dachträger), 4 cm stark, 2 für vorn 50 cm lang, 2 für hinten 30 cm (wodurch das Dach nach hinten schräg abfällt)
3 Sperrholzwände, 75 cm x 10 cm, ebenfalls 1 cm stark

Bauanleitung Schritt für Schritt

1. Hintere Kanthölzer bündig in den Ecken der Grundplatte befestigen (mit Schrauben von unten), die vorderen an den Seitenrändern der Grundplatte 1 cm hinter der vorderen Außenkante der Platte anschrauben (sodass vor sie eine 1 cm dicke und 5 cm hohe abnehmbare Sperrholzleiste gestellt werden kann).
2. Kanthölzer oben leicht schräg sägen, sodass die Dachplatte plan aufliegt. Platte mit Schrauben von oben an Kanthölzern befestigen.
3. Rückseite und beide Seiten des Hauses durch schmale Sperrholzwände schließen, die an die Grundplatte und die Kanthölzer festgeschraubt werden.
4. An den Vorderkanten der Seitenwände rechts und links 2 Ringschrauben, Winkelschrauben oder dergleichen so anbringen, dass zwischen sie und die vorderen Kanthölzer als Vorderwand eine leicht herausnehmbare Sperrholzleiste gestellt werden kann, wie oben beschrieben – 75 cm x 5 cm. Zum Entfernen alten Futters, Auskehren und Auswaschen diese Leiste herausheben.
5. Das Dach kann mit einem dünnen Blech oder durch Anstreichen zusätzlich geschützt werden. Gegen Regen und v. a. Schneetreiben von der Seite eignen sich Reisigzweige oder grünes Kunststoffgewebe (Gewebe-, Windschutz-, Schattiernetz), die mit Draht an der Dachplatte befestigt und nach Bedarf mehr oder weniger seitlich heruntergezogen werden können.
6. In der Mitte der Unterseite der Bodenplatte einen Rohrstutzen anschrauben, mit der das Haus katzen- und mäusesicher auf einem im Boden eingelassenen Metallrohr wie auf einem Pfahl aufgestellt werden kann.
7. An den Kanten von Dach- und Bodenplatte können Spiralen für Meisenknödel (siehe Seite 39) u. a. befestigt werden – fertig ist ein Traumhaus für optimale Fütterung.

Tipp Sandbad

Sehr beliebt, v. a. bei Haussperlingen, sind auch Plätze zum Sandbaden. Sie lassen sich gut an ständig trockenen Stellen mit Sand oder Feinerde einrichten, z. B. an überdachten Stellen vor Hauswänden, unter Balkonen usw. Sie nützen den Vögeln v. a. bei der Gefiederpflege.

Die Tränke

An ungezählten Stellen liest man, Vögel dürften im Winter weder Trink- noch Badewasser erhalten, da sonst ihr Gefieder vereise. *Das ist absolut falsch.* Fast alle bei uns überwinternden Arten müssen täglich trinken, und wenn sie bei Kahlfrost keinen Schnee zur Verfügung haben, kostet es sie oft weite Flüge, bis sie offene Gräben oder dergleichen finden. Dort kann man sie dann selbst bei Frost auch baden sehen, *ohne* dass ihr Gefieder vereist – es ist nämlich in hohem Maße wasser abweisend. Um unseren Futtergästen das Leben zu erleichtern, gehört eigentlich in die Nähe *jeder* Fütterung auch eine Tränke – winters wie sommers. Im Winter kann man sie bei schneefreiem Wetter sogar mit einem Tränkenwärmer offen halten[105]. Damit wird auch verhindert, dass Vögel an Straßenrändern schädliches salzhaltiges Schmelzwasser aufnehmen, das sich dort nach Ausbringen von Streusalz bildet. Ideale Tränken sind flache, allmählich tiefer werdende muldenförmige Schalen mit maximal 5 cm Wassertiefe und rauer Oberfläche, eventuell mit flachen Steinen als Inseln (siehe Seite 85)[4].

Viele Vögel baden nahezu täglich, auch bei Regen und im Winter – nicht zur Erfrischung, sondern zur Gefiederpflege. Baden sollte daher im Umfeld jeder Futterstelle stets möglich sein.

Die geeigneten Futtermittel

Wer Vogelfutterstellen anlegen will, der sollte sich von vornherein darauf einstellen, dass die meisten unserer Kleinvögel keine Abfallverwerter sind, sondern unbedingt hochwertiges Futter benötigen.

Manche Vögel könnten zwar auch mit in den Garten gestellten Essensresten von uns durchkommen, so wie die Fütterung vor Jahrhunderten einmal begonnen haben mag – aber für viele bleibt selbst gutes dargereichtes Qualitätsfutter noch relativ einfache Grundnahrung im Vergleich zu dem, was ihnen die Natur in ihrer Reichhaltigkeit zumindest früher einmal geboten hat. Wenn wir also Vögeln mit Zufütterung wirklich helfen wollen, dann sollten wir im Hinblick auf die Futtermittel nach dem Grundsatz verfahren: *„Das Beste ist gerade gut genug."* Um das zu erreichen, muss man sich in zweierlei Hinsicht kundig machen: in Bezug sowohl auf die Bedürfnisse der Vögel als auch auf die recht unterschiedlichen Angebote der Futtermittelhersteller. Was Letztere anbelangt, helfen für den „richtigen Griff" immer mehr Testergebnisse weiter[114].

Minimales Futterangebot

Auch wenn an einer Futterstelle nur fünf Vogelarten auftauchen, nämlich z. B. Grünling, Kohlmeise, Amsel, Blaumeise und Rotkehlchen, dann stellen sie dennoch schon fast die gesamte Palette an *Ernährungsformen* dar, auf die wir uns im Winter einstellen müssen. Grünlinge sind im Winterhalbjahr fast reine *Körnerfresser*. Sie bevorzugen ne-

Eine quer geschnittene Kokosnuss ergibt eine ähnlich gute Fettglocke wie ein Blumentopf, die man für Meisen und andere überall aufhängen kann.

Checkliste **Minimales Futterangebot**

▶ Streufutter mit hohem Anteil an Sonnenblumenkernen, Hanf und wenig Getreide (das nur einige Arten bevorzugen), dafür mit mehr Erdnüssen als besonders hochwertigem Futtermittel (siehe Seite 38 f.)
▶ Fettfutter mit vielen Hafer- und Weizenflocken und auf der Grundlage von geeignetem Fett, das Frostsicherheit und höchsten Nährwert gewährleistet
▶ Meisenknödel oder entsprechend geformtes Fett, auch leicht selbst herstellbar aus Rindertalg (siehe Seite 43) sowie
▶ bei Bedarf Apfelstücke für Amseln, aber auch Wacholderdrossel, Teichhuhn u. a. Arten.

ben Sonnenblumenkernen auch kleinere Sämereien, v. a. Hanf, die man ihnen am besten in einem Futterhaus oder -silo bietet. Sie gehen zwar auch gern an Meisenknödel, die sie aber bei Mangel an losen Sämereien oft nur zerpflücken, um an Körner zu gelangen. Die anderen vier Vogelarten, im Sommer weitgehend *Weich(futter)fresser*, sind im Winter *Allesfresser* und Gemischtköstler, allerdings mit sehr unterschiedlichen Anteilen an pflanzlicher und tierischer Nahrung. Wir offerieren ihnen bei einfacher Zufütterung v. a. Erstere – Letztere müssen sie sich weitgehend selbst suchen.

Kohlmeisen leben im Winter zu einem hohen Anteil von Körnern, die sie zusammen mit Fett, das ihnen einen Teil der tierischen Nahrung bietet, v. a. in Meisenknödeln finden. Sie nehmen aber gern auch lose Sämereien, besonders Sonnenblumenkerne, aus Futterhäusern oder -silos. Für den Erwerb ihrer tierischen Nahrung in Form von Insektenlarven, Spinnen, kleinen Schnecken u. a. sind sie täglich meist stundenlang unterwegs, v. a. in Bäumen, aber auch auf dem Boden. Blaumeisen verhalten sich ähnlich wie Kohlmeisen, bevorzugen aber in der Regel weit mehr tierische

Ein Erdnuss-Spender (Gitterwand-Silo) sollte an keiner Futterstelle fehlen. Er bietet den meisten Arten – hier Zeisigen – ganzjährig hochwertige Nahrung.

Nahrung. Ist ihnen Schilfröhricht zugänglich, suchen sie dort als regelrechte „Schilfmeisen" tagtäglich für lange Zeit Schilfhalme ab, die sie meistens an den „richtigen" Stellen aufhacken, um darin überwinternder Insektenlarven habhaft zu werden[115].

Amseln zeigen sich bei schneefreiem und frostarmem Wetter wenig an Futterstellen, dafür sieht man sie dann etwa an Wald- und Gebüschrändern im Laub wühlen, um

an allerlei Kleingetier zu gelangen. Außerdem verzehren sie, wenn vorhanden, Beeren und restliches Obst. Versiegen diese Quellen, kommen sie in großer Zahl an Futterstellen. Obwohl dort Allesfresser, die sogar Sonnenblumen- und Maiskörner ganz verschlucken und sich an Meisenknödeln gütlich tun können, bevorzugen sie weicheres Futter: v. a. mit Fett angereicherte Haferflocken und – als *Zusatzfutter* – Äpfel (Apfelstücke, z. B. Viertel, die besser zu bepicken sind als die weniger fest liegenden Apfelhälften). Rotkehlchen schließlich suchen noch weit mehr als Amseln tierische Nahrung selbst und sind an Futterstellen auf kleine Sämereien wie Hirse, Mohn usw., Getreideflocken und kleine Fettpartikel angewiesen, die sie v. a. vom Boden aufnehmen, wenn sie von anderen Arten losgehackt und fallen gelassen wurden. Ihnen kann man natürlich, wie vielen anderen Arten, durch gezielte Zufütterung, z. B. von Mehlwürmern, getrockneten Insekten, Trockenfleischstückchen (Fleischkrisseln) usw., sehr viel weiterhelfen (siehe unten).

Gezielte und optimale Fütterung

Das oben beschriebene minimale Angebot an Futtermitteln für eine solide ausgestattete Futterstelle lässt sich vergleichen mit der „gutbürgerlichen Küche" vieler Restaurants, die vielen Gästen ohne besondere Vorlieben gerecht wird. Im Folgenden wird, um beim Vergleich zu bleiben, ein Angebot wie in einem Spezialitäten-Restaurant beschrieben, das aufgrund seiner reichhaltigen Darbietung weitere Interessenten ansprechen und deren Wünsche erfüllen kann. Da man über diesen Bereich der Vogelfütterung leicht ein eigenes Buch verfassen könnte, ist hier nur eine grobe Skizzierung möglich.

Wer viele Vogelarten gezielt und möglichst optimal füttern möchte, sollte sich Zeit für Beobachtungen nehmen und zumindest für eine Reihe von Futtermitteln nicht unerhebliche Ausgaben einkalkulieren.

Zufütterung lässt sich in zweierlei Hinsicht optimieren: In Bezug auf höchste Qualität der Futtermittel, die etwa auf Produkten aus „biologischem", also ökologisch-umweltverträglichem Anbau aufbaut, und im Hinblick auf größtmögliche Vielfalt an attraktiven Futtermitteln. Wer beste Qualität anstrebt, der muss sich über Kataloge der einschlägigen Futtermittelhersteller (siehe Seite 107) und deren Angebot, z. B. an „Premium"- oder „Vollwert"-Futter kundig machen oder Futtermittel über Reformhäuser, Verkaufsstellen für „Bio-Produkte" usw. beziehen oder eventuell selbst anbauen (siehe Seite 65).

Eine optimale Vielfalt an Futtermitteln, die möglichst allen infrage kommenden Arten gerecht wird, erreicht man am besten auf folgende Weise: Man erweitert zunächst das übliche Standardfutter durch Beigabe einzelner Komponenten oder spezieller Futtermischungen, die sich an größere Vogelgruppen richten. Da Erdnüsse, und zwar solche in ausgezeichneter Qualität und aus zweifelsfreier Herkunft, ein für viele Arten höchst attraktives Futter darstellen – noch dazu das ganze Jahr über –, kann man mit gut platzierten Erdnuss-Spendern viele Arten dauerhaft anlocken und versorgen. Erdnüsse spielen deshalb bei der Zufütterung in Großbritannien eine große Rolle. Dabei ist es besser, die Nüsse oder auch Erdnuss-Bruch im Spender anzubieten als in Futterhäusern, da sie aus offenen Futterstellen leicht von Krähen, Elstern, Eichelhähern oder Eichhörnchen in großen Mengen entnommen werden, ohne dass kleinere Arten davon profitieren können. Eine besonders attraktive, wenn auch kostspielige Darreichungsform sind sogenannte Erdnuss-Kuchen (Energie-Kuchen auf der Basis von Erdnussmehl und Fetten), die wir in der Vogelwarte Radolfzell in der Entwicklungsphase u. a. an Grasmücken getestet haben und die viele Arten geradezu magisch anziehen. Ähnlich günstig wie Erdnüsse sind auch Hasel- oder Walnüsse, die jedoch meist im Hinblick auf Kosten und verfügbare Menge ausscheiden – aber sie eignen sich sehr gut für den Eigenanbau (siehe Seite 65).

Das wichtigste Futtermittel neben Fett und eventuell Erdnüssen sind Sonnenblumenkerne. Neben den üblichen gestreiften werden die schwarzen von vielen Arten bevorzugt, weil sie weniger harte Schalen und einen höheren Ölgehalt haben. Kerne ohne Schalen („Herzen") liefern eine besonders energiereiche, leicht zugängliche Nahrung, v. a. in geschroteter Form, und verhindern die Verunreinigung des Futterstellenbereichs mit Schalenabfällen. Sie sind jedoch relativ teuer, und ihre Inhaltsstoffe denaturieren schneller ohne den Schutz der Schale.

Viele Arten wie Stieglitz, Hänfling, Birkenzeisig, Lerchen u. a. bevorzugen v. a. bestimmte *kleine* Sämereien, wie z. B. Distel- oder Salatsamen, Mohn u. v. a. Um für sie bei deren zufälligen ersten Besuchen ein attraktives Angebot parat zu haben, kann man dem auf Seite 37 beschriebenen Streufutter Anteile von Kanarien-, Waldvogel- oder Großsittich-Futtermischungen beigeben, die auch von vielen anderen Arten gern verzehrt werden und zudem z. B. auch wertvoll für die Jungvogelaufzucht sind. Wenn unbehandelt, eignen sich auch Reste von Gartensaatgut.

Für Vogelfütterer ist es natürlich immer besonders erfreulich, wenn neben Rotkehlchen und Heckenbraunelle auch viele andere Weichfresser an die Futterstelle kommen, wie z. B. Zaunkönig, Schwanzmeise, Baumläufer oder sogar Wintergoldhähnchen und zum Frühjahr hin Mönchsgrasmücke, Zilpzalp, Haus- und Gartenrotschwanz, Wiesenpieper u. a. Da in strengen Wintern kleine Arten wie Zaunkönig und Wintergoldhähnchen auch großräumig nahezu vollständig wegsterben können, sind für sie geeignete Futterstellen und besonderes Futter oft eine große Hilfe. Dafür gibt es eine Reihe attraktiver Futtermittel, v. a. spezielles Weichfutter mit getrockneten Insekten, Kleinkrebsen, Sojaflocken usw., von einzelnen Firmen auch Drossel-, Zaunkönig- und anderes Spezialfutter oder sogenannte Vollwert-Energiekuchen, die in einer Mischung aus tierischen und pflanzlichen Fetten Erdnussmehl und getrocknete Insekten einschließen, oder in Futterblöcken auch Waldfrüchte. Da derartige Spezial-Futtermittel natürlich kostspielig sind

Meisenknödel bietet man am besten in Stahlspiralen oder auch Gittersilos an – dort sind sie vor „Räubern" sicher. Ihre Plastik-Schutzsäckchen werden zuvor entfernt.

Ganzjahresfütterung macht auch Schwanzmeisen nicht „abhängig", führt sie aber immer wieder zur gewohnten Futterstelle.

und auch von „gewöhnlichen" Arten wie etwa Meisen gern und dann oft in großen Mengen gefressen werden, lohnt es sich, zunächst zu beobachten, welche Nahrungsspezialisten an Futterstellen kommen, um sie dann gezielt an speziellen Plätzen zu füttern. Tauchen z. B. Goldammern auf, kann man durch Ausbringen von Futterhafer (ganz oder gequetscht) am Erdboden im Laufe der Zeit u. U. Hunderte von Individuen an einer einzigen Futterstelle versorgen (siehe Seite 29 ff.). Stieglitze sind nach Erfahrungen in Großbritannien ganz erpicht auf Ramtil(l)-Samen (Nigersaat, Gingellikraut, *Guizotia abyssinica*, ein Korbblütler mit hohem Ölgehalt – nicht zu verwechseln mit Negersaat, einer Hirse). Eine wichtige Rolle könnte künftig auch der nährstoffreiche Chia-Samen spielen (eine in Südamerika häufig angebaute Salbeiart). Erscheinen Zaunkönige, lassen sie sich leicht an einem versteckten, aber von ihnen beim Anrücken regelmäßig besuchten Platz an einem Reisighaufen, einem Holzstoß oder dergleichen etwa mit Mehlwürmern, anderen Insekten von Spezialllieferanten, Bienenlarven (siehe Seite 44) oder auch mit kleinen Fleischstückchen (Fleischkrisseln) oder Fleischmehl gezielt füttern, ohne dass das ihnen zugedachte Futter ständig von anderen Arten

weggefressen wird. Ähnlich kann man Rotkehlchen versorgen. Schwanz- und Haubenmeisen, Goldhähnchen, Grasmücken u. a. hingegen fliegen regelmäßig etwas versteckt in Zweige gehängte Energie-Kuchen, Fettglocken usw. an. Viele Arten wie v. a. Drosseln, aber auch Häher, Rallen u. a. verzehren gern auch Obst. Für sie eignen sich sehr gut ausgelegte Apfelstücke, auch Rosinen, aber weit weniger getrocknete Ebereschen und andere Wildbeeren, die man unbedingt am Wuchsort hängen lassen sollte (siehe Seite 43). Weitere Angaben über gezielte Fütterung finden sich in den Beschreibungen der Vogelarten (ab Seite 74).

> **Tipp Kalk anbieten** In Gebieten, in denen inzwischen der saure Regen zu Kalkarmut geführt hat und die Eischalenbildung unserer Vögel beeinträchtigt sein kann, empfiehlt es sich, im Bereich von Futterstellen auch Grit (Naturkalkstoffe, z. B. aus Muschelkalk, Austernschalen usw.) zur Verfügung zu stellen, den man in Zoofachgeschäften oder auch bei Futtermittelherstellern erhält.

Randbemerkungen zu Futtermitteln

Unter der Internetadresse www.versele-laga.com gibt es eine ausgezeichnete Übersicht über verschiedene, als Vogelfutter geeignete Samen von Prestige (2007). Hohla[116] beschreibt die Eignung verschiedener Hirsen. Welche Vogelarten welches Getreide (Weizen ungeschält, Weizen geschält, Roggen, Hafer usw.) bevorzugt fressen, wurde von Perkins[117] untersucht, und ein guter Beitrag über Lebendfütterung mit Insekten stammt von Kühn[118]. Gelegentlich taucht die Frage auf, ob Futtermittel aus biologisch-dynamischem Anbau für Vögel vorteilhaft seien, wenn auch teuer. Und dann ist man u. U. überrascht zu erfahren, dass Bio-Vogelfutter z. T. weniger Proteine enthält (z. B. www.kleinezeitung.at). Das ist jedoch weder überraschend noch von Nachteil, sondern hängt damit zusammen, dass Pflanzen für Bio-Produkte nicht im Übermaß mit Stickstoff gedüngt werden.

Fütterung von Greifvögeln und Eulen

In vielen Ländern werden zunehmend Greifvögel regelmäßig zugefüttert: Riesen- und europäische Seeadler in Japan, die wegen Überfischung sonst gar nicht mehr erfolgreich überwintern könnten, ebenfalls im Winter die in England wieder eingebürgerten Rotmilane, Bart-, Gänse- und andere

Geier in zahlreichen Wiederansiedlungsprojekten rund ums Jahr sowie Kaiseradler, Uhus u. a. gelegentlich zur Verbesserung des Bruterfolges[119, 120]. Für Aasfresser gewinnen wegen der verschärften EU-Vorschriften in Bezug auf Tierkadaver sogenannte „Geier-Restaurants" stark an Bedeutung[121] und könnten z. B. in Anbetracht der starken Geiereinflüge in Deutschland in den letzten Jahren z. B. zur Wiederansiedlung von Gänsegeiern im Donautal führen, wo sie vor Jahrhunderten gebrütet haben.

Bei uns in Mitteleuropa ist das Zufüttern von Greifvögeln und Eulen (auch Kolkraben als Aasfressern) derzeit nur in längeren härteren Winterperioden sinnvoll, dann aber sehr hilfreich. Dabei ist zu beachten, dass bei uns das Auslegen der meisten Fleischsorten verboten ist. Erlaubt ist (nach Art. 23 der Verordnung EG 1774/2002 als Ausnahme gemäß Abs. 2, unter behördlicher Aufsicht) das Ausbringen von Rinderherzen, Schalenwildkadavern (außer Schwarzwild, „Wild und Hund", 2010, 6: 8), abgetöteten Eintagsküken und Fischen. Rinderherzen erhält man preiswert in Schlachthöfen, als Verkehrsopfer anfallende Rehe über die Jagdverbände und Jägervereinigungen, Küken und Fische von Futterlieferanten für Zoos. Für jede Anlage eines „Luderplatzes" sollte vorab die Veterinärbehörde beim Landratsamt um Zustimmung ersucht werden, und dann muss Fleisch sicher vor Hunden, Füchsen usw. am besten in Körben auf Pfählen angeboten werden.

Für die Unterstützung von Eulen wird u. a. empfohlen, lebende Mäuse in Wannen anzubieten[14], wobei Tierschutzbestimmungen zu beachten sind. Bei Schleiereulen hat sich für den Winter wie für die Unterstützung der Jungenaufzucht das Einlegen von Eintagsküken in Eulenkästen bewährt, die die Vögel zum Brüten und Ruhen nutzen[122].

Ungeeignete Futtermittel

Viele Dinge, die wir essen, sind für Vögel nicht nur wegen Nährstoffmangels, sondern v. a. wegen vieler Zusatzstoffe wie Salz, Gewürzen, künstlichen Aroma- und Farbstoffen, Stabilisatoren, Konservierungsstoffen u. a. bedenklich oder gefährlich. Das ist besonders deshalb zu berücksichtigen, weil derartige Stoffe Vögel bei ihrem geringen Körpergewicht von oft nur an die 20 g und der hohen Nahrungsaufnahmerate weit stärker belasten können als uns. Auch wenn Zusatzstoffe unserer Nahrung Vögel nur in den seltensten Fällen umbringen werden, so sind doch zeitweilige Stoffwechselstörungen möglich, die unter allen Umständen vermieden werden müssen.

In strengen Wintern verhungern viele Greifvögel. Ihnen kann man an speziellen Futterplätzen mit Rinderherz u. a. in Notlagen gut helfen.

Wenn man hingegen gelegentlich liest, gefrorenes Futter, wie z. B. vereiste Apfelstücke, schade Vögeln, weil es „gefährliche Entzündungen des Verdauungstrakts" hervorrufe, dann ist das Unsinn. Gänse z. B. weiden ganz regelmäßig gefrorenes Gras, und viele Drosseln, Rotkehlchen u. a. verzehren auch bei strengem Frost so hart gefrorene Beeren, dass man ihnen selbst tiefgefrorene Heidelbeeren usw. gefahrlos anbieten kann.

Checkliste Tabu-Liste

Aus obigen Überlegungen ergibt sich eine Tabu-Liste von ungeeigneten menschlichen Nahrungsmitteln und -resten, die v. a. umfasst:
- ▶ allgemeine Tischabfälle und Speisereste
- ▶ Brot- und Kuchenstücke oder -krümel
- ▶ Braten-, Wurst- und Käsereste
- ▶ angereicherte Margarine, Back- und Bratfette
- ▶ Pommes frites
- ▶ gekochte Kartoffeln und Quark, da beide leicht säuern und schimmeln können
- ▶ Butter (selbst wenn Kohlmeisen Milchflaschen aufhacken und Rahm naschen oder gelegentlich sogar Fensterkitt aufpicken), da Butter zu schnell zerläuft und die Reste ranzig werden

Vorausplanung und Vorratshaltung

Bis auch in Deutschland, wie in Großbritannien, nach den vielen Unkenrufen falscher Propheten eine rechtzeitig, nämlich im September einsetzende Winterfütterung und erst recht die ideale Ganzjahresfütterung hoffähig sein werden, wird noch einige Zeit verstreichen. Bis dahin wird es manchmal schwierig bleiben, schon frühzeitig und hinreichend lange die nötigen Futtermittel zu erhalten.

Um dennoch schon im September und ebenso noch im April, Mai oder später das nötige Futter bereitzuhaben, empfiehlt sich der Direktbezug von Futtermittelherstellern oder eine ausreichende Vorratshaltung. Dazu gilt als Richtwert, dass ein etwa sperlingsgroßer Körnerfresser nach detaillierten Untersuchungen in Großbritannien[123, 124] pro Tag ca. 8 g Sämereien verzehrt. Wird eine größere Futterstelle täglich von etwa 100 samenfressenden Vögeln besucht, sollte man pro Tag also bis zu 1 kg Körnerfutter veranschlagen, für einen Monat bis zu 30 kg und für ein Vierteljahr bis zu 2 Zentnern. Seriöse Futtermittellieferanten empfehlen zwar, gekauftes Futter möglichst innerhalb von etwa drei Monaten zu verbrauchen, räumen aber bei sorgsamer Lagerung (trocken, kühl und gut verschlossen) auch längere Fristen ein[124]. Für die ausgedehnte Fütterung ist unbedingt auch Fettfutter erforderlich. Für eine Futterstelle in o. g. Größe muss man mit einem Verbrauch von bis zu drei Meisenknödeln pro Tag rechnen, also mit rund 100 im Monat und an die 300 im Vierteljahr. Auch sie lassen sich z. T. gut lagern, u. U. tiefgekühlt, aber sie können bei Engpässen auch leicht durch selbst hergestelltes Fettfutter aus Rindertalg ersetzt werden (siehe Seite 43).

Ersatzfutter bei Lieferschwierigkeiten

Immer wieder kommt es vor, dass Vogelfutter in Einkaufszentren nicht früh oder lange genug oder im Winter auch zwischendurch nicht zur Verfügung steht, wenn es etwa nach einer langen milden Periode plötzlich kalt wird. Die Gründe dafür liegen auf der Hand: Die EKZ wollen natürlich keinesfalls auf Bergen von Vogelfutter sitzen bleiben und kaufen deshalb in Jahren mit schönem Herbst, mildem Winter und zeitigem Frühjahr nur zögerlich ein. Kommt dann ein plötzlicher Kälteeinbruch, gibt es Engpässe, durch die dann Vögel in Not und Fütterer in helle Aufregung geraten können – Letztere allerdings unnötigerweise.

Das Nuss-Säckchen ist bei Zeisigen u. a. Arten sehr beliebt, aber es wird oft von Krähenvögeln oder Eichhörnchen geplündert.

Geht das Vogelfutter tatsächlich aus, kann man sich relativ leicht Ersatzfutter selbst zusammenstellen. Preiswerter Standardfutter-Ersatz ist Mischfutter für Haustauben, das man in Verkaufsstellen landwirtschaftlicher Genossenschaften erhält. Es wird am besten mit Futterhaferflocken und Futterhafer angereichert, die man ebenfalls dort bekommt. Diese Mischung lässt sich weiter bereichern und verfeinern mit Waldvogel-, Kanarien- oder Sittichfutter aus dem Zoofachgeschäft oder auch mit Weichfutter für Insektenfresser. Und ein hervorragendes Ersatzfutter sind für viele Arten Erdnüsse. Sollten auch die überaus beliebten Meisenknödel ausgehen, dann kann man sich leicht selbst Ersatz herstellen mithilfe von Rindertalg (siehe Seite 43). Mit zunehmender Weltbevölkerung, Folgeschäden durch die Klimaerwärmung, steigendem Nutzpflanzenverbrauch für Bioenergiegewinnung u. a. wird sich die Lebensmittelsituation auf dem Weltmarkt in Zukunft erheblich verschärfen. Davon betroffen sein werden auch Sämereien, Rindertalg usw., die für gängiges Wildvogelfutter verwendet werden. Einen Vorgeschmack davon gab es im Winter 2010/11, als durch Missernten Sonnenblumenkerne kaum zu beschaffen waren, ebenso infolge der Bioenergieproduktion Rindertalg sowie durch verstärkte Nachfrage auch

Erdnüsse. Vogelfreunde sollten sich auf derartige Situationen einstellen: zum einen durch rechtzeitige Einkäufe und Vorratshaltung (siehe oben) und zum anderen durch die Beschaffung und Herstellung von Ersatzfuttermitteln. Wenn selbst in Genossenschaften Tauben-, Geflügel- oder Sittichfutter schwer zu haben sein sollten, kann man sich vorübergehend mit Getreideflocken oder auch gut gequetschtem Getreide behelfen und bei Mangel an Rindertalg mit Pflanzenölen, mit denen Getreideflocken oder gequetschtes Getreide angereichert werden können. Als Ersatzfett bietet sich auch Margarine an, die allerdings im Hinblick auf Sonneneinstrahlung, Wegschmelzen, Ranzigwerden usw. pfleglicher behandelt werden muss als Meisenknödel auf Rindertalgbasis.

Was kann man selbst sammeln?

Früher wurde allgemein empfohlen, für die Winterfütterung selbst rechtzeitig alle möglichen Sämereien, z. B. von Knöterich, Wegwarte, Hainbuche, Ahorn und vielen anderen Pflanzen, zu sammeln und ebenso Wildbeeren und -früchte, etwa von Eberesche, Pfaffenhütchen, Schlehe, usw., und sie zu trocknen. Das war vor Jahrzehnten sicher ratsam, als damals einerseits Samen und Früchte in der Natur in Hülle und Fülle vorkamen und andererseits käufliches Vogelfutter noch wenig gebräuchlich war. Heute sollten wir die wenigen, in unseren ausgeräumten Landschaften übrig gebliebenen natürlichen Nahrungsquellen für Vögel *keinesfalls plündern*, zumal etwa getrocknete Ebereschen, Schlehen usw. von Vögeln gar nicht gern gefressen werden und ihnen damit oft vollständig verloren gehen.

Was man bedenkenlos sammeln kann, sind z. B. Samen von Brennnesseln, Löwenzahn und Ackerdisteln, bevor sie mit ihren Flugapparaten verweht oder aber gemäht werden. Zu Sträußen gebundene Ackerdisteln mit reifen Samen in der Nähe von Futterstellen angebracht, sind ein hervorragendes Anlockmittel für Stieglitze. Ähnliches gilt für die knallroten Beeren des Schneeballs, die zwar wenig gefressen werden, aber Gimpel anlocken, die dann deren Kerne aufbeißen und so an Futterstellen gelangen.

Früher war das Sammeln von Dreschabfällen und Heublumen sehr hilfreich, das gilt heute nicht mehr. Beide enthalten kaum noch kleine Sämereien, da im Getreide fast keine Wildkräuter mehr vorkommen und Heu gewonnen wird, bevor die Samen von Gräsern, Kräutern und Stauden reifen. Wer einen Gemüsegarten bestellt, sollte alle übrig bleibenden Samen von Radieschen, Möhren, Salat usw. für die Fütterung verwenden, nur, soweit sie nicht mit Chemikalien behandelt oder im Erbgut verändert wurden.

Futter selbst herstellen

Fettfutter aus Rindertalg: Das ist ein hervorragendes Futtermittel, das man leicht selbst herstellen kann. Neben Rindertalg ist auch Fett von Schaf und Wild geeignet, weit weniger das vom Schwein, da es zu leicht weich wird. Bisweilen wird auch Kokosfett verwendet[125]. Rezepte dafür gibt es in mehr als zehn Variationen, mindestens seit 1899 vom Bund für Vogelschutz in Stuttgart[126] und bis in die jüngste Zeit[14, 114, 127]. Hier eine zusammenfassende Beschreibung:

Rindertalg besorgt man sich beim Fleischer oder im Schlachthof, lässt es in einem Topf flüssig werden, aber nicht sieden. In das flüssige Fett rührt man im einfachsten Fall die gleiche Gewichtsmenge Weizenkleie[10, 128] („Ludwigsburger Fettfutter"[56]) oder gibt noch kleinere Mengen Sonnenblumenkerne und Hanf dazu[14]. Den Anteil an Sämereien kann man auch erhöhen, weiterhin durch reichhaltige Körnermischungen, Haferflocken, gehackte Nüsse, usw. bereichern oder das Futter durch Beigabe von Beeren, Rosinen, getrockneten Insekten u. a. für Weichfresser ausrichten[114]. Die Zugabe von etwas Speiseöl verhindert, dass das Fettfutter bei Frost zu hart wird[15]. Das fertige Gemisch kann in verschiedene Gefäße wie Dosen, aber auch Kokos-

Fürs Anlocken von Stieglitzen eignen sich getrocknete Fruchtstände von Kletten und Disteln, wodurch sie Silos kennenlernen.

Kokosnuss-Glocken kann man auch unauffällig am Waldrand aufhängen und dort auch seltenere Arten wie Schwanzmeisen oder Goldhähnchen füttern.

nüsse oder Blumentöpfe usw. gefüllt werden, und ein mit eingesteckter Holzstab erleichtert Vögeln den Zugang zum Futter in allen möglichen „Fettglocken". Es lässt sich zudem in trockene Fichten- oder Kieferzapfen streichen, die man in Zweige hängen kann, oder auch in die Rinde von Bäumen,

wodurch Spechte, Baumläufer, Schwanzmeisen und andere Arten besonders leicht Zugang finden.

Fettflocken: Eine weitere Möglichkeit, Fettfutter selbst herzustellen, besteht darin, dass man Haferflocken in hochwertigem Speiseöl (Oliven-, Sonnenblumenöl) tränkt und auf diese Weise wertvolle Fettflocken bekommt.[4]

Bienenlarven: Dieses hochwertige Futtermittel kann man leicht selbst besorgen und aufbereiten. Imker entfernen aus ihren Bienenvölkern regelmäßig Wabenteile mit überschüssiger Drohnen-(Männchen-)Brut, die man bei Bienenhaltern beziehen kann. Die in den Waben enthaltenen Drohnenlarven sind seit Langem ein höchst bewährtes Mittel zur Handaufzucht von Vögeln[110] und werden auch an Futterstellen von vielen Arten begierig aufgenommen. Man friert am besten ganze Wabenstücke ein und legt sie bei Bedarf an Futterstellen aus. Sind die Zellen bereits verdeckelt, müssen die Verdeckelungen zuvor mit einem Messer oder einer Entdeckelungsgabel entfernt werden. Die Vögel holen sich dann die Larven aus den Zellen. Man kann die tiefgefrorenen Waben aber auch zerbröseln und die Larven von Hand auslesen und direkt verfüttern. Mit Drohnenlarven kann man z. B. manchem Frühankömmling wie Singdrossel oder Star, aber auch Rotschwänzen, Stelzen, Piepern und selbst Kiebitzen u. a. Arten bei Nachwintereinbrüchen das Leben retten. Im Frühjahr und Sommer sind sie auch als hochwertiges Zusatzfutter für die Aufzucht von Jungvögeln begehrt.

Wenn sich an Futterstellen Stare, Goldammern und Finken einstellen, hilft die Bodenfütterung weiter, dauerhaft auch unter einem Dach.

Wann und wie lange füttern?

In vielen Ratgebern liest man, die Winterfütterung sollte erst beginnen, wenn es richtig Winter geworden ist – konkret erst bei Abfall der Temperatur auf −5 °C, mit anschließendem Dauerfrost und möglichst noch geschlossener Schneedecke. Das ist mit die unsinnigste Empfehlung, die man sich im Hinblick auf die Zufütterung denken kann. Sie macht etwa so viel Sinn, als hätte man der Bevölkerung in der Nachkriegszeit empfohlen, sich nach neuen Lebensmitteln erst dann umzusehen, wenn die alten aufgebraucht sind. Damit wären bei der damaligen Lebensmittelknappheit viele auf der Strecke geblieben – und genau die Gefahr droht Vögeln mit obiger Empfehlung bei dem allgemeinen Mangel an Nahrung in unseren ausgeräumten Landschaften.

Um das zu verstehen, muss man sich nur Folgendes klarmachen: Ein meisengroßer Vogel z. B. mit rund 20 g Körpergewicht verliert in *einer* Winternacht etwa 2 g, also 10 % seiner Körpermasse, die er „verbrennt", um seinen Stoffwechsel und die hohe Körpertemperatur (von mehr als 40 °C) trotz guter Isolation durch sein Federkleid aufrechtzuerhalten. Noch kleinere Arten schaffen das überhaupt nur, wenn sie bei Temperaturen unter etwa −7 °C in Gruppen schlafen können, in denen sie sich gegenseitig wärmen. Am darauffolgenden Tag muss der Gewichtsverlust unbedingt wieder ausgeglichen werden, damit der Vogel auch die nächste Nacht überleben kann. Um diesen Ausgleich zu erreichen, ist er schon ab dem frühen Morgen auf hochwertige Nahrung angewiesen. Andernfalls kann er schnell in einen kritischen Ernährungszustand geraten, da er ohne Nahrungsaufnahme bereits nach etwa einem Tag so „leer gebrannt" ist, dass er sich nicht mehr erholen kann[56]. Damit ist klar: Wenn dem Vogel eine Futterstelle im Winter helfen soll, dann muss er sie kennen lernen können, *bevor* kritische Winterbedingungen einsetzen, damit er sie dann ohne langes Suchen unverzüglich nutzen kann, und um das sicherzustellen, muss bereits *lange vor der eigentlichen Winterperiode mit der Fütterung begonnen werden.* Wer nicht ohnehin eine sinnvolle Ganzjahresfütterung betreibt (siehe Seite 50), sollte mit der Winterfütterung im *September* beginnen, also im Spätsommer[3] – und das aus drei guten Gründen. Zu dieser Zeit sind bei uns die meisten Jungvögel ausgeflogen und streifen weit umher, um sich nach Verlassen der elterlichen Brutreviere ihre eigenen Lebensräume zu suchen. Standvögel halten in dieser Zeit v. a. auch nach geeigneten Überwinterungsplätzen Ausschau, und wenn sie dabei bereits eine gute Futterstelle finden, ist das u. U. schon ihre „Überlebens-Versicherung" bis zur nächsten Brutsaison. Viele Jungvögel leben im September auch noch im Familienverband mit ihren Eltern, von denen sie bei früh einsetzender Fütterung häufig an Futterstellen hingeführt werden[65]. Dadurch lernen sie Futterplätze kennen, in deren Nähe sie sich dann auch bevorzugt ansiedeln können[7]. Bei Fütterbeginn ab September haben auch noch viele später wegziehende Arten wie Star, Rotkehlchen, Mönchsgrasmücke u. a. eine Chance, Futterstellen noch vor dem Wegzug kennenzulernen, die sie sich leicht merken und dann nach Rückkehr im Spätwinter oder Frühjahr bei Nachwintereinbrüchen gezielt nutzen können. Frühzeitiger Fütterungsbeginn gibt somit vielen Individuen die Möglichkeit, Futterstellen zu entdecken, was später im Jahr nur noch begrenzt möglich ist. Und für uns bedeutet das zudem, auf diese Weise eine möglichst große bunte Schar an Futtergästen zu bekommen.

Manche kleinen Arten wie Baumläufer (Bild) oder Zaunkönige überleben kalte Winternächte nur in Schlafgemeinschaften – auch bei bestem Futter.

Eine Futterstelle bringt interessante Überraschungen: seltene Arten – wie etwa einen Kernbeißer – oder oft besondere Verhaltensweisen.

Aus den Körpergewichtsschwankungen, denen ein Kleinvogel von einem Tag zum anderen unterliegt, ergibt sich auch ganz logisch ein Weiteres – nämlich dass wir die Zufütterung im Winter niemals, auch nicht bei mildem Wetter, unterbrechen, sondern *immer kontinuierlich fortführen* sollten[105]. In etwas weniger strengen Perioden bekommen Vögel die Chance, ihr bisweilen kritisch abgefallenes Gewicht wiederaufzubauen oder sogar Fettdepots anzulegen, die die nächste Kältewelle besser überstehen helfen.

Nun abschließend zur letzten wichtigen Teilfrage dieses Abschnitts: *Wie lange* sollte Winterzufütterung andauern? Sinnvollerweise, wenn sie nicht ohnehin in eine angepasste Ganzjahresfütterung überleitet, *bis in die Brutzeit hinein*, also je nach Witterungsablauf *bis April, Mai oder Anfang Juni*[3]. Für diese Empfehlung muss man sich nur klarmachen: Im Spätwinter und zeitigen Frühjahr sind die natürlichen Quellen für Sämereien in unseren nahrungsarmen Landschaften nahezu *vollständig aufgebraucht*, Insekten sind bei kühlem Wetter oft nur begrenzt verfügbar, und neue Samen lassen meist noch lange auf sich warten (etwa vom Löwenzahn, wenn er nicht größtenteils ohnehin schon in der Blüte gemäht wird, wie heute vielerorts üblich). Vögel machen daher im Frühjahr oft eine besonders harte Zeit durch, in der sie zudem auch noch Eier produzieren sollen, was wiederum zusätzliche Körpermasse fordert. *Deshalb ist ausgedehnte Fütterung in die Brutzeit hinein besonders wichtig.* Sie hat noch zwei weitere gute Gründe.

Im Zuge der gegenwärtigen globalen Klimaerwärmung kehren viele Zugvögel zunehmend, z. T. bereits um Wochen, früher in ihre Brutgebiete zurück, und viele Arten brüten inzwischen auch um Wochen früher[71]. Da aber auch bei sehr zeitig einsetzender Frühjahrsentwicklung immer wieder Nachwintereinbrüche auftreten können, geraten frühe Heimkehrer, Frühbrüter und deren Nachwuchs oft in große Not. Ihnen hilft eine ausgedehnte Zufütterung, die man dann zu gegebener Zeit *allmählich* ausklingen lassen oder – besser – *in eine Ganzjahresfütterung überleiten sollte.* Vögel verfügen über ein phänomenales Raum-Zeit-Gedächtnis, das auf „biologischen Uhren" basiert[129]. So finden z. B. Zugvögel selbst über Zehntausende von Kilometern im Winterquartier etwa ihren Lieblingsschlafbaum, günstige Nahrungsgründe oder im Brutgebiet ihren alten Nistplatz nach Rückkehr wieder[71]. Ebenso werden viele Vögel zielsicher immer wieder, selbst nach Jahren, altbekannte Futterstellen aufsuchen, wenn wir sie nur kontinuierlich in Betrieb halten, was auch durch Ringfunde belegt ist[10].

Zwei Versuchsergebnisse: Wir haben in der Nähe unserer Wald-Futterstelle (siehe Seite 21) am 10. Januar 2009 mehrere neue Futterplätze eingerichtet und festgestellt, dass sie selbst nach 14 Tagen noch kaum von Vögeln besucht wurden. Weiterhin haben wir am 24. Dezember 2008 eine Futterstelle an unserem Schafstall um 30 m verlegt und beobachtet, dass der alte Platz auch nach drei Wochen immer noch von über 200 Vögeln nach Futter abgesucht wurde.

Wenn Vögel von der Futterstelle wegbleiben

Von Dezember bis März wird bei uns häufig angefragt: Warum sind an unserer Futterstelle nur wenige oder fast gar keine Vögel oder plötzlich viel weniger als zuvor? Und dabei taucht die Sorge auf, dies könne vielleicht am angebotenen Futter liegen. Das beobachtete Fernbleiben kann mindestens sieben verschiedene Ursachen haben, die mit dem Futter nichts zu tun haben müssen und die hier kurz behandelt werden.

Fütterung zu spät gestartet: Immer wieder hören wir etwa, mit der Fütterung sei „bereits" Mitte Dezember begonnen worden und nun seien an Weihnachten immer noch kaum Vögel da. Kein Wunder: Wer schon nicht ganzjährig füttert, sollte die Winterfütterung spätestens im September beginnen, damit sich Vögel allmählich an eine neue Futterstelle oder auch an eine alte wieder gewöhnen können (siehe Seite 45).

Fütterung unterbrochen: Bisweilen erfährt man beim „Nachbohren", dass die Fütterung während des Skiurlaubs oder dergleichen ausgesetzt wurde. Das ist für Vögel oft beileibe kein Spaß, sondern kann sie um- oder in Todesgefahr bringen, und sie werden sich, wenn möglich, eine verlässlichere Futterquelle suchen. Dabei kann in solchen Fällen mit Vorratsfütterung leicht überbrückt werden (siehe Seite 55).

Ausdünneffekte: Der zeitweilig reduzierte Futterstellenbesuch kann auch auf drei natürlichen und einem durch Mitbürger bedingten „Verdünnungseffekt" beruhen. Wer ganzjährig füttert weiß, dass die größten Vogelscharen an Futterstellen im Sommer erscheinen, wenn die Populationen durch die vielen ausgeflogenen Jungvögel etwa zwei- bis viermal größer sind als zu Beginn der Brutzeit oder bei Nachwintereinbrüchen, wenn Tausende von in Not geratenen Rückkehrern wie Heuschrecken einfallen können (siehe Seite 31).
Nach der Brutzeit dünnen v. a. Kleinvogelpopulationen stark aus durch das Wegsterben vieler Jungvögel, weiter durch Dispersion (Jugendstreuung), also das Abwandern in neue Lebensräume sowie durch Wegzug in weiter entfernte Winterquartiere bis hin zur Winterflucht, die noch im Januar/Februar stattfinden kann[71]. Diese Ausdünnung kann ausgeglichen werden durch Zuwandern von anderswoher oder durch Zuzug von Wintergästen, wobei allerdings sehr starke regionale sowie Unterschiede von Jahr zu Jahr auftreten. Das Fernbleiben wird verstärkt durch die Eigenschaft vieler Arten, im Winter ihre Aktivität sehr stark zu reduzieren, um Energie zu sparen (siehe Seite 57). Da Vögel dann weit weniger umherstreifen, erscheinen sie im Winter auch viel seltener an neuen Futterstellen.
Und schließlich gibt es einen „Weihnachtseffekt". Vielen Menschen geht in der friedvollen Weihnachtszeit das Herz auf – auch für die um diese Zeit oft Hunger leidenden Vögel. Oder sie stolpern einfach über das um diese Zeit überall angebotene Vogelfutter, z. B. in ihrem Supermarkt. Fällt dann noch etwas Schnee, füttert mancherorts nahezu jedermann. Das Ergebnis: Überspitzt ausgedrückt hat dann jede Meise ihre eigene Futterstelle im Revier und braucht gar nicht mehr andere Futterplätze aufzusuchen.

Da Feldsperlinge gern sowohl Fett als auch Nussstückchen verzehren, gehen sie oft an Mischfuttersäckchen, die „Räuber" jedoch häufig im Ganzen mitnehmen.

Früher wohlbekannt – heute fast vergessen: Fuchskerne, Sauschwarten usw. locken Vögel an wie die Fliegen, bis alle Fett- und Fleischreste verzehrt sind.

Das Meisenrätsel 2009/2010

2009 war für Meisen in Mitteleuropa ein normales Brutjahr – dennoch waren ab dem Herbst 2009 auffallend wenige Kohl- und andere Meisen an Futterstellen zu beobachten. Das blieb auch den Winter 2009/2010 hindurch so, und besorgte Anrufe über Mangel an Meisen erreichten uns von Flensburg im Norden bis Innsbruck im Süden. Auch an unseren Futterstellen in Süddeutschland fingen wir bei Beringungsaktionen statt der üblichen 100 und mehr Meisen pro Fangtag gerade mal eine Handvoll. Was war geschehen?

Meisenspezialisten, die sowohl Futterstellen im Wald betreiben als auch im Winter schlafende Meisen beringen und untersuchen, brachten Licht ins Dunkel (so z. B. K. H. Schmidt in Schlüchtern, Hessen). Es gab zwar auch an den Futterstellen im Wald nur wenige Meisen, aber normalen Besatz an in Nistkästen übernachtenden Individuen. Und die nachts untersuchten Meisen waren zudem in ausgezeichneter Kondition, was eine sehr gute Brutsaison

2010 erwarten ließ (die dann auch eintrat). Von was aber lebten die Meisen, die es sich offenbar leisten konnten, von Futterstellen einfach wegzubleiben? Von Bucheckern! 2009 war nämlich eines der stärksten Buchenmastjahre in Mitteleuropa und versorgte Wald bewohnende Tiere mit riesigen Mengen von Buchensamen. Neben den Meisen lebten davon auch viele Kleiber, Spechte, Eichelhäher u. a., die ebenfalls weniger an Futterstellen auftauchten als üblich. Und viele dieser Vögel kamen auch bei Schnee noch an die inzwischen von den Bäumen gefallenen Bucheckern: Wildschweine, die in Buchenwäldern den Waldboden nach den begehrten „Buchelen" pflügten, machten sie auch den Vögeln weiterhin zugänglich. 2010 war dann naturgemäß ein ganz schwaches Buchenmastjahr – und die Meisen kehrten in Scharen an die Futterstellen zurück.

Diese Meisen-Bucheckern-Episode ist geradezu ein Bilderbuch-Lehrstück in Bezug auf die Irrmeinung, Vögel würden an Futterstellen der Wohlstandsverwahrlosung anheimfallen (siehe Seite 9). Sie zeigt: Bietet die Natur wieder einmal – und sei es auch nur in einem Jahr – ausreichend Futter an, nutzen es Heerscharen von Vögeln und verzichten freiwillig auf die Zufütterung an Futterstellen.

Zum Schluss noch ein Tipp: Das Wegbleiben von Vögeln an Futterstellen ist natürlich oft ärgerlich oder schmerzlich. Es tritt umso weniger auf, je attraktiver ein Futterplatz angelegt und je besser er mit Leckerbissen ausgestattet ist. Und bei einer optimal betriebenen Ganzjahresfütterung (siehe Seite 50 ff.) werden in aller Regel immer viele Nahrungsgäste zugegen sein.

Futterhaus im Landhausstil – weit verbreitet und dekorativ, aber oftmals nicht leicht mit Futter zu füllen und sauber zu halten.

Blitzblank – muss das sein?

Einer der häufig vorgebrachten Einwände gegen die Vogelfütterung ist, sie bringe durch Krankheitsübertragungen an Futterstellen so viele z. T. tödliche Gefahren für Vögel mit sich, dass man sie besser unterlassen soll. Das ist erfreulicherweise nicht der Fall, wie nachfolgend gezeigt wird (siehe auch Seite 18).

So treten in Großbritannien selbst bei intensiver und ausgedehnter Ganzjahresfütterung Krankheitsfälle nur gelegentlich auf, wie Dauerbeobachtungen über Jahrzehnte zeigen[12]. Das ist, wenn man die Verhältnisse in der freien Natur etwas näher betrachtet, auch gar nicht anders zu erwarten. Noch vor wenigen Jahrzehnten befand sich in unseren Dörfern vor nahezu jedem Haus ein Misthaufen, von dem die Jauche in der Regel auf die ungeteerten Dorfstraßen lief und sich dort mit dem Kot von Pferden, Ochsen, usw. in stinkenden Morast verwandelte. Alte Dorfbeschreibungen geben beredte Kunde von derart „riechbaren" bäuerlichen Siedlungen, und Ältere von uns haben sie noch in persönlicher Erinnerung. Aus dem geschilderten Mist- und Jauche-Milieu haben jedoch Sperlinge, Goldammer, Haubenlerche, Star, Rotschwänze und viele andere Arten jahrhundertelang Nahrung aufgenommen, zumindest im Winterhalbjahr. Wäre für sie ein derartig mit Dung, Abfällen u. a. belasteter Nährboden für Mikroben aller Art gefährlich gewesen, wären sie längst ausgestorben – aber gerade in jener Zeit andersartiger Hygieneverhältnisse wiesen die genannten Vogelarten blühende Bestände auf (siehe Seite 10).

Vögel sind also, wie diese Schilderung zeigt, offenbar selbst gegen derart „unsaubere" Lebensraumverhältnisse ausgesprochen unempfindlich, und das ist bei dem allgemein geringen Infektionsrisiko einerseits und der hohen Immunabwehr von Vögeln andererseits auch gar nicht anders zu erwarten (siehe Seite 26).

Der Tierarzt Andreas STRAUB hat in Süddeutschland drei Jahre lang an sauber gehaltenen und verschmutzten Futterstellen (siehe Seite 21) über 1000 Singvögel von 25 verschiedenen Arten eingehend auf ein breites Spektrum an potenziellen Krankheitserregern untersucht, nämlich in Kot- und Kloakaltupferproben auf größere Parasiten wie Würmer, auf Kokzidien und v. a. auf Bakterien, dabei insbesondere auf Salmonellen, Yersinien und Listerien. Außerdem wurden Blutproben virologisch auf Antikörper getestet, v. a. auch im Hinblick auf Erreger der verschiedenen Formen von Geflügelpest oder Vogelgrippe. Zu keiner Zeit, auch nicht in der warmen Sommerperiode oder in nicht sauber gehaltenen Futterstellen, wurden Hinweise auf eine vermehrte Kontamination mit pathogenen Keimen festgestellt. Damit ergaben sich auch keine Anzeichen, die selbst bei intensiver ganzjähriger Vogelfütterung auf eine erhöhte Gefahr von Seuchenausbrüchen hingewiesen hätten. Das bedeutet, dass im Normalfall die z. B. in unseren Haushalten üblichen Hygienemaßnahmen völlig ausreichen, um Vögel an Futterstellen gesund zu erhalten[130]. Und ganz sicher ist übertriebene Reinlichkeit hier wie dort unnötig.

Futterstellen sauber halten

Nach unseren Erfahrungen, unter Abwägung des Wünschenswerten mit dem Machbaren, sollte man in etwa folgendermaßen verfahren: Werden Futterhäuser verwendet, die von vielen Arten gern besucht werden, kann man sich die Reinigung durch Einlegepapiere, herausnehmbare Begrenzungsbrettchen und -leisten oder schubladenartige Einsätze sehr erleichtern. Reinhaltung wird weiterhin begünstigt durch möglichst tägliche Verabreichung kleinerer Futtermengen und regelmäßiges Entfernen alten Futters sowie durch Vorkehrungen, die verhindern, dass Futter nass wird und schimmelt (wodurch auch für Vögel gefährliche Giftstoffe entstehen können: Aflatoxine).

Trotz aller Vorsichtsmaßnahmen sollte ein Futterhaus etwa einmal pro Woche gründlich gereinigt, also ausgekratzt und gegebenenfalls auch ausgewaschen werden. Bei Ganzjahresfütterung sollte es mehrfach im Jahr sehr gründlich gesäubert werden – bei warmem, trockenem Wetter am besten zwischendurch auch mit kochend heißem Wasser. Desinfektionsmittel sollten eher vermieden werden, da sie u. U. Vogelfutter verunreinigen können. Manche Futtermittelanbieter stellen für die fachgerechte Pflege von Futterstellen auch ganze Hygiene-Sets bereit[123].

Und hier sei nochmals darauf hingewiesen: Idealerweise lassen sich Verschmutzungen durch die Einrichtung mehrerer Futterstellen, die Verwendung von zusätzlichen Futtersilos statt kleiner enger Futterhäuschen von vornherein weitgehend vermeiden (siehe Seite 34).

Alle weiteren Fragen, was man z. B. beim Auftreten kranker oder toter Vögel oder bei weiterer Ausbreitung oder dem wiederholten Auftreten einer Vogelgrippe tun sollte, finden Sie ab Seite 63.

Die Ganzjahresfütterung

Gegner der Winterfütterung zucken bei dem Wort Ganzjahresfütterung regelrecht zusammen, und während ganzjähriges Zufüttern in Großbritannien zunehmend im ganzen Land mit großem Nutzen für die Vogelwelt praktiziert wird (siehe Seite 17), steckt es bei uns noch in den Kinderschuhen. Immerhin wird Ganzjahresfütterung in fachkundigen Ratgebern inzwischen auch bei uns durchaus positiv gesehen[1, 4, 105], und die meisten Futtermittelhersteller bieten dementsprechend bereits spezielles Futter dafür an. Aber vieles bleibt noch zu tun, bis wir die Briten eingeholt haben!

Viele Vogelfreunde, denen wir die von uns seit Langem praktizierte und laufend von Untersuchungen begleitete Ganzjahresfütterung empfohlen haben, sind inzwischen von ihr hell begeistert, und die im Folgenden noch einmal zusammengefassten Aspekte mögen viele Ganzjahresfütterer hinzugewinnen.

Grundsätzliche Aspekte

Mit ganzjähriger Zufütterung kann man u. a. erreichen: den Erhalt lokaler Haussperlingspopulationen, die ganzjährig auf Verfügbarkeit von Futter in einem eng begrenzten Lebensraum angewiesen sind, die Neuansiedlung von kleineren Haus- und Feldsperlingspopulationen, die verstärkte Ansiedlung von Meisen und anderen Arten in der Umgebung von Futterstellen, eine positive Bestandsentwicklung zumindest bei einer Reihe von Arten, die Ganzjahresfutterstellen häufig nutzen, Bestandsstützung bei vielen Arten zumindest in kritischen Ernährungssituationen, in vielen Fällen Erhöhung des Bruterfolgs, insbesondere über eine günstige Energiebilanz der Elternvögel, aber auch durch Unterstützung der Nestlingsnahrung, Sicherung günstiger Futterquellen für die kritische Winterperiode durch Kennenlernen in der Zeit der Jugendstreuung, allmähliche Gewöhnung von Arten an Futterstellen, die sie bisher nur zögerlich besuchen, durch Traditionsbildung, etwa bei Stieglitz und Grünspecht.

Sicher kennen wir erst einen Teil der Vorteile, die wir Vögeln durch Ganzjahresfütterung bieten können, und vieles werden wir künftig hinzulernen. Die Firma „CJ WildBird Foods" in Großbritannien hat ein Pellet-Futter für die Aufzucht von Staren fertiggestellt, das große Erfolge verspricht und getestet wird. Damit könnte sich u. U. der weitere Zu-

sammenbruch vieler europäischer Starenpopulationen, dem schon rund drei Viertel aller Vögel zum Opfer gefallen sind (siehe Seite 13), zumindest im Einzugsbereich von Fütterungen aufhalten lassen. Mit der Zufütterung von Haussperlingen zur Brutzeit mit Mehlwürmern wurden bereits gute Erfahrungen gemacht (siehe Seite 27).

Um herauszufinden, was sich in Vogelpopulationen durch Ganzjahresfütterung alles verbessern lässt, sind weitere Studien erforderlich. In einer Arbeit[131] wird zurzeit an Kohlmeisen genau geprüft, wie Zufüttern zur Brutzeit die Kondition von Alt- und Jungvögeln verbessert, also z. B. Körpermaße und -gewicht, den Aufbau von Körpergewebe sowie die Immunabwehr beeinflusst usw. Durch die Analyse stabiler Isotope und automatische Registrierungen wird auch verfolgt, wie oft Futterstellen genutzt und in welchem Maß gebotene Nährstoffe verwertet werden. Entsprechende Studien laufen derzeit auch in Großbritannien[172]. Dabei dürften sich weiterreichende Empfehlungen für das Zufüttern als Beitrag zum Artenschutz ergeben.

Kohlmeisen eignen sich für eine solche Studie hervorragend. Zum einen lassen sie sich derzeit – noch – in recht großer Zahl in angebotenen Nistkästen ansiedeln und dadurch gut untersuchen. Zum anderen bekommen auch

Entnimmt man aus einer Kokosnuss nur die „Milch", hacken Blaumeisen und andere das Nuss-Fleisch aus; später kann man die Nuss mit einer Fettmischung füllen.

Kohlmeisen, als weitere typische „Allerweltsart", in unserer Umwelt u. U. zunehmend Probleme. Eigentlich müsste diese kaum ziehende und auf hohe Verluste im Winterhalbjahr ausgerichtete Art (mit mehreren Bruten im Jahr und z. T. vielen Jungen pro Brut) im Zuge der globalen Klimaerwärmung mit milderen Wintern, zeitigeren Frühjahren und folglich früherem Brutbeginn längst stark im Bestand angewachsen sein. Dass das nicht der Fall ist, mag an einer ganzen Reihe von Faktoren liegen, wie klimatisch bedingtem Auseinanderdriften der Legeperiode und dem optimalen Angebot an Insekten für die Jungenaufzucht, wie für einige Arten aufgezeigt[132], zurückgehendem Bruterfolg infolge zunehmender kritischer Niederschlagsperioden im Sommerhalbjahr[133] sowie bedingt durch sauren Regen (siehe Seite 12) oder Ansteigen der Parasitenbelastung, die sich z. B. bei Amphibien bereits verheerend auswirkt[134]. Eigentlich erübrigt sich der abschließende Hinweis nach dem bisher Dargestellten, aber zur Vorsicht sei er gegeben: Auch die ganzjährige Zufütterung sollte natürlich unbedingt kontinuierlich, also *möglichst ohne jede Unterbrechung* erfolgen — sonst könnte es manchen, wie beispielsweise unseren Spatzen, rasch „an den Kragen gehen"! Dabei lassen sich mit Futtersilos, Fettknödeln usw. einige Tage Abwesenheit leicht überbrücken (siehe Seite 55).

Saisonspezifische Futtermittel

Die Ganzjahresfütterung unterscheidet sich im Hinblick auf die anzubietenden Futtermittel für das Sommerhalbjahr zwar *nicht grundsätzlich* von der Winterfütterung, aber *graduell*. Dafür muss man sich zunächst noch einmal klarmachen: Ganzjährige Zufütterung stellt in der Regel in erster Linie Futter für Altvögel und bereits weitgehend selbstständige (flügge) Jungvögel bereit und nur in sehr beschränktem Umfang Nahrung für die Aufzucht von Nestlingen — es sei denn, es werden dafür ganz spezielle Futtermittel angeboten (s. unten). Weiter gilt es zu berücksichtigen, dass das Sommerhalbjahr für Alles- wie für Körnerfresser die Jahreszeit des Weichfutters oder zumindest „weicherer" Futteranteile ist. Das ist bei der Planung, Vorratshaltung und Bereitstellung von Futtermitteln unbedingt im Auge zu behalten. Das ganze Sommerhalbjahr über beliebt als günstige Energielieferanten für die mit der Brut stark in Anspruch genommenen Elternvögel bleiben Erdnüsse (in Erdnuss-Spendern) sowie Meisenknödel. Beide sollte man in ausreichender Menge vorrätig halten, Letztere kann man auch leicht durch selbst hergestellte Fettfutter-

Kleiber bearbeiten oft die auch im Sommer höchst wichtigen Knödel, sodass für Bodenvögel Futterbröckchen abfallen.

mischungen (siehe Seite 43 f.) ersetzen. Häufig sind Fettfuttermischungen auch im Sommerhalbjahr die bevorzugte Lieblingsspeise[65]. Hauptgründe dafür sind, dass Vögel beim Fliegen Fett direkt im Brustmuskel „verbrennen" und somit Fett für sie den idealen „Treibstoff" bietet[71].
Von den gängigen Winter-Streufutter- und Winter-Fettfuttermischungen werden im Sommerhalbjahr v. a. größere Bestandteile wie Sonnenblumenkerne, Getreidekörner, Haferflocken usw. weitgehend verschmäht, kleinere Sämereien hingegen bevorzugt. Unsere Körnerfresser füttern ihre Jungen nicht nur mit Insekten, sondern mit zunehmendem Alter mehr und mehr mit breiigem Futter aus Sämereien, das im Kropf vorverdaut wird. Dafür werden, wenn erreichbar, in der Natur z. B. milchreife Samen vom Löwenzahn, kleinste Samen von Orant, Ehrenpreisarten usw. verwendet. Entsprechend kleine Sämereien werden aber auch an Sommerfutterstellen aufgenommen, ebenso natürlich auch von frisch ausgeflogenen Jungvögeln. Deshalb ist die Bereitstellung von Futtermischungen, auch von speziellem Aufzuchtfutter für Wald- und Kanarienvögel, Sittiche u. a., günstig, die Zoofachgeschäfte anbieten. „CJ WildBird Foods" hat ein spezielles Aufzuchtfutter für Stare in Pelletform entwickelt, das man in der Nähe von Staren-Nisthöhlen auslegen kann. Es entspricht in der Zusammensetzung weitgehend einer Hauptnahrung der Stare, nämlich Larven der Wiesenschnake, und hat einen Proteingehalt von über

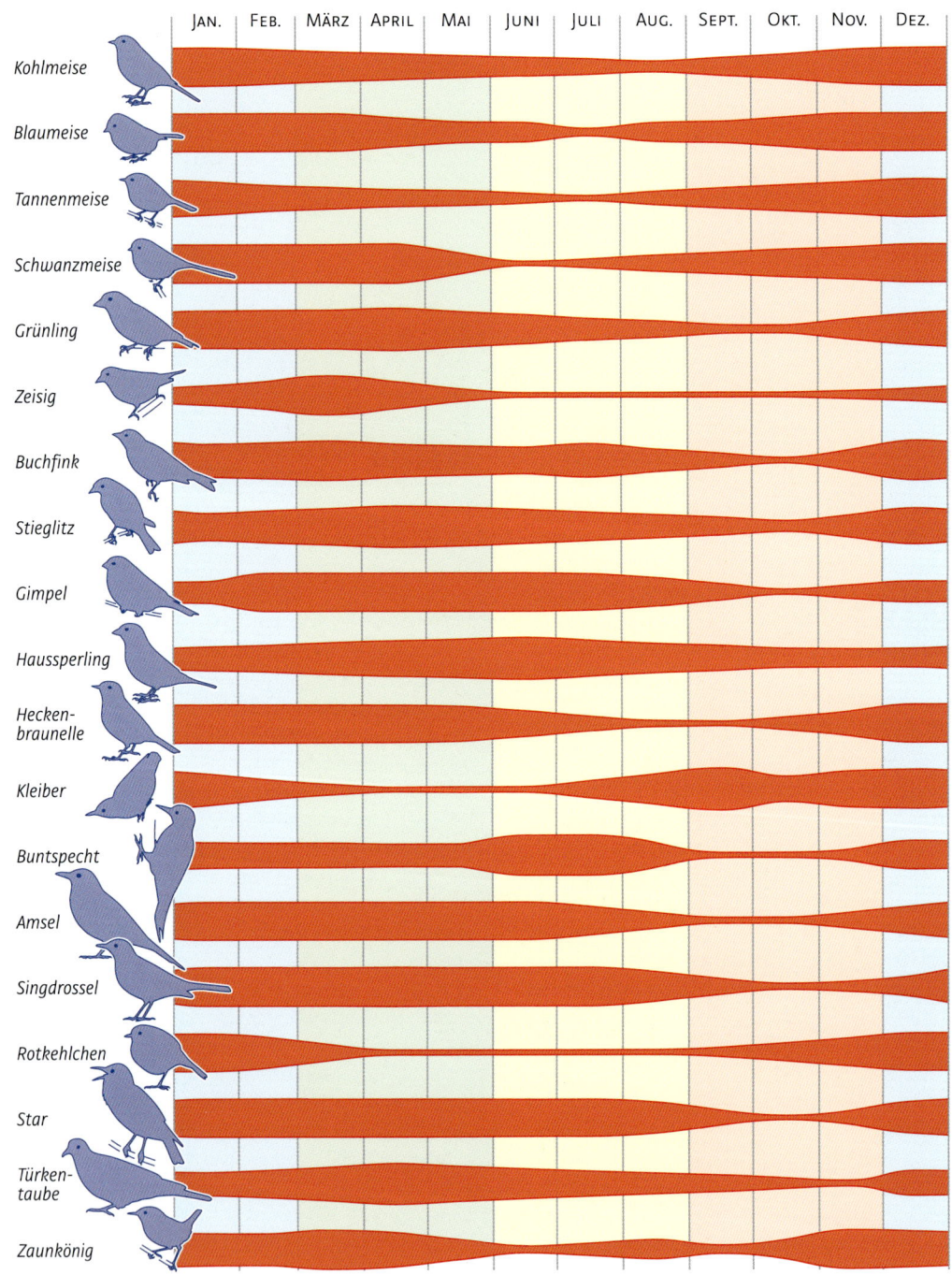

	JAN.	FEB.	MÄRZ	APRIL	MAI	JUNI	JULI	AUG.	SEPT.	OKT.	NOV.	DEZ.

Kohlmeise

Blaumeise

Tannenmeise

Schwanzmeise

Grünling

Zeisig

Buchfink

Stieglitz

Gimpel

Haussperling

Heckenbraunelle

Kleiber

Buntspecht

Amsel

Singdrossel

Rotkehlchen

Star

Türkentaube

Zaunkönig

Der relative durchschnittliche jahreszeitliche Futterverbrauch von 19 Vogelarten an Futterstellen in Gärten in England

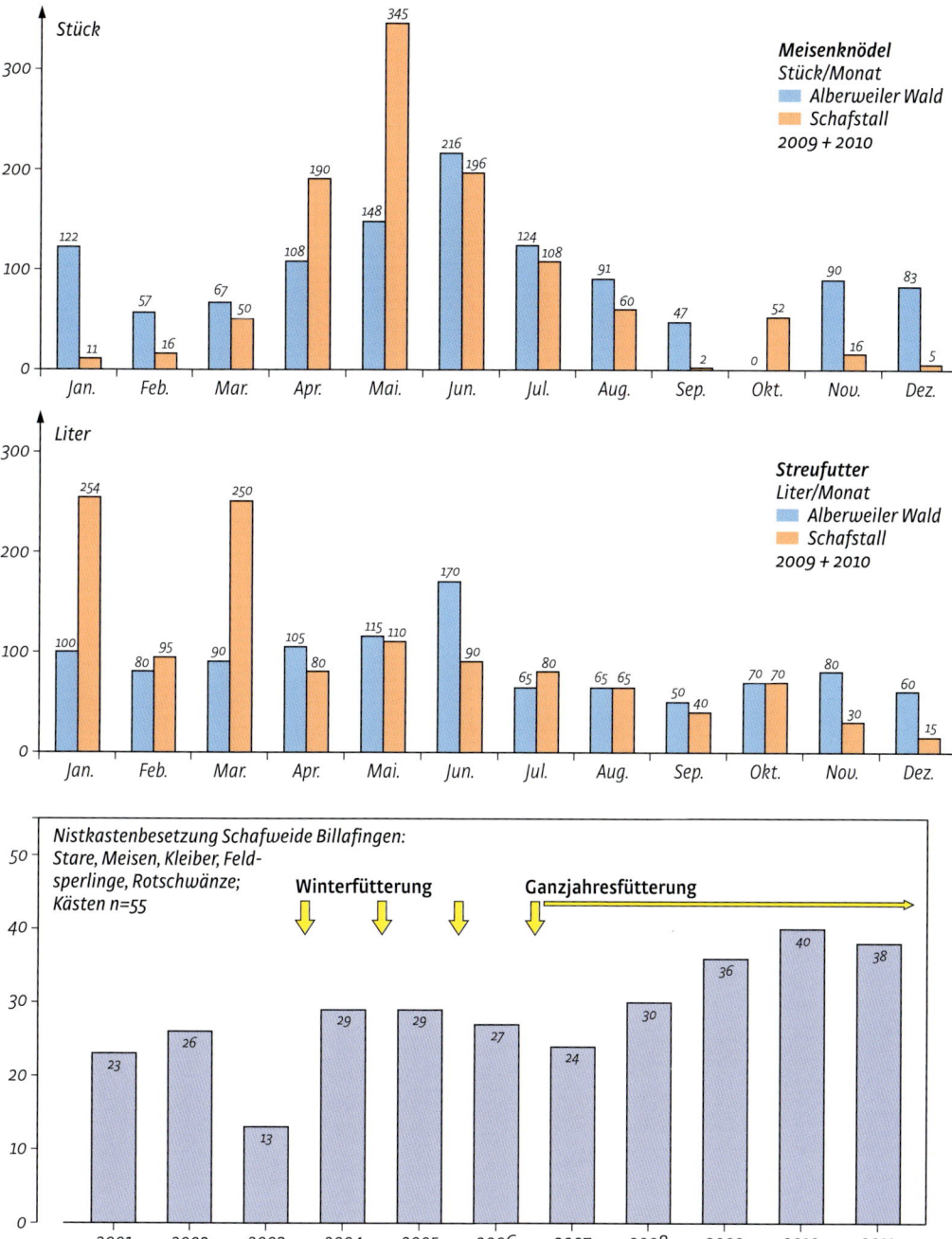

Verzehr von Meisenknödeln und Streufutter im Jahresverlauf in Süddeutschland sowie Zunahme der Nistkastenbesetzung bei Fütterung

35 %, enthält wichtige Mineralstoffe und Vitamine, aber weniger Natrium und Kalium, was für die Nestlinge günstig ist. Gegen Wettereinflüsse schützt ein Fettfilm. Ganz ideale Futtermittel für das Sommerhalbjahr sind natürlich Weichfuttermischungen mit hohem Insektenanteil, insektenreiche Energie-Kuchen (siehe Seite 40), Bienenlarven (siehe Seite 44) oder verschiedenartiges Lebendfutter wie Mehl- und Regenwürmer, Wachsmottenlarven, Heimchen (Hausgrillen) u. a. Diese Futtermittel haben allerdings den großen Nachteil, dass sie recht kostspielig sind. Wer genügend Zeit hat, kann sie jedoch z. T. kostengünstig selbst herstellen oder heranzüchten.

Diese Ausführungen sollen hier genügen. Als Leitsatz gilt: Sommer- und Winterfutter sind weitgehend identisch, auch im Sommer sollte viel Fett angeboten werden, im Streufutter mehr feinere Sämereien, was von einer Reihe von Futtermittelanbietern bereits praktiziert wird. Weit mehr als für die bestens eingeführte Winterfütterung gilt für die Zufütterung im Sommerhalbjahr: Vielerlei ausprobieren und sorgfältig beobachten, sich in die Ansprüche der Vögel hineindenken – dann wird die Fütterung optimal.

Futterverbrauch im Jahresverlauf

Regelrecht spannende Fragen, die sich bei ganzjähriger Zufütterung stellen, sind: Für welche Monate muss man das meiste, für welche das wenigste Futter einplanen, oder wie sieht es zur Brutzeit der Vögel mit dem Futterverbrauch aus? Glücklicherweise haben wir eher unerfahrenen Neulinge auf diesem Gebiet eine sehr anschauliche Jahresübersicht mit Monatsangaben für 19 Vogelarten aus Großbritannien vorliegen, die uns zumindest Richtwerte geben kann (siehe Seite 52). Nicht überraschend ist, dass die erforderlichen Futtermittelmengen für die Monate Januar und Februar fast durchweg hoch liegen und bereits im Dezember stark ansteigen. Eher unerwartet und überraschend ist, dass der Futterverbrauch im Oktober am geringsten und auch im September sehr niedrig ist. Das deckt sich ganz mit unseren Erfahrungen in Süddeutschland. Die Erklärung dafür ist einfach: Im Oktober und September gibt es selbst in unserer ausgeräumten Umwelt für Vögel noch relativ viel Futter – noch recht reichhaltiges Insektenleben und in Resten an Wildkräuterbeständen usw. um diese Zeit auch noch ein vergleichsweise gutes Angebot an Samen. Die niedrigen Oktober- und September-Verbrauchswerte an Futterstellen sind zudem geradezu ein Lehrstück im Hinblick auf Scheinargumente von Gegnern der Vogelfütterung.

Obwohl bei uns nach Abschluss der Brutperiode im August/September, also im Spätsommer und Frühherbst, *die größte Vogeldichte* herrscht, ist dennoch um diese Zeit der Futterstellenbesuch und Futterverbrauch *am geringsten*. Vögel betreiben somit beileibe keine Fettlebe in Wohlstandsverwahrlosung, indem sie sich einfach an gefüllte Futterhäuser setzen. Vielmehr beschaffen sie sich ihr Futter durchaus selbst, wenn sie genügend davon in der Natur vorfinden. Und sie würden Futterstellen auch über den Oktober hinaus nur spärlich aufsuchen, wenn ihnen in dieser Zeit ebenfalls genügend natürliche Nahrung verbliebe. Einfache, aber geradezu klassische Beispiele aus jüngster Zeit belegen das: Gelingt es, auf Stilllegungsflächen große Mengen an Wildkräutern und Stauden bis in den Winter hinein zu erhalten, können dort Hunderte von Feldsperlingen, Goldammern, Grünlingen, Girlitzen, Hänflingen, Wiesenpiepern, auch Grauammern u. a. bis in den Winter hinein verbleiben, *ohne benachbarte Futterstellen zu besuchen*. Einen derartigen Freilandversuch konnten wir 2005 mit der Einrichtung des Heinz-Sielmann-Weihers und seines Umfelds im Bodenseegebiet durchführen[30]. Ein weiteres frappierendes Beispiel siehe Seite 47.

Weiterhin überraschend mag sein, wie lange die Futterverbrauchswerte im Frühjahr und Sommer hoch bleiben – bei den meisten Arten bis in den April, bei gut der Hälfte der Arten bis Mai/Juni und länger und bei manchen Arten steigen sie nach dem Winter zum Frühjahr oder Sommer hin sogar deutlich an, wie auch bei uns festgestellt wurde[65]. Dieses jahreszeitliche Muster lässt sich für die einzelnen Arten sehr gut mit den spezifischen Anstrengungen für Folgebruten, Mauser, dem sommerlichen Abfall an Beutetieren usw. erklären.

Bei Übertragung der in der Abbildung auf Seite 52 dargestellten Futterverbrauchswerte müssen wir uns abschließend noch eines klarmachen: Großbritannien ist extrem wintermild, sodass dort in vielen Jahren in niedrigeren Lagen kaum Frost und Schnee auftreten. Legt man die in unseren Breiten zumindest derzeit noch herrschenden Winterbedingungen zugrunde, heißt das, dass Futterverbrauchswerte bei uns im Frühjahr noch länger hoch liegen werden als in Großbritannien und auch im Herbst, v. a. im November, häufig früher stärker ansteigen werden. Darauf sollten wir bei der Planung von Futtermitteln für die ganzjährige Fütterung achten. Wie man für eine bestimmte Anzahl von Futtergästen Futtermengen relativ genau abschätzen kann, wurde auf Seite 42 beschrieben.

Inzwischen haben wir den Verbrauch von Streufutter und Meisenknödeln an unseren Großfutterstellen in Alberweiler und Billafingen ein Jahr lang (2009/2010) genau registriert (Abbildung Seite 53). Auch dort ist der hohe Verbrauch im späten Frühjahr und Frühsommer eklatant – die Erklärung dafür steht auf Seite 57 ff.

Nützliche Tipps für die Urlaubszeit

Besorgte Vogelfreunde fragen an: Darf ich überhaupt eine Ganzjahres-Futterstelle einrichten, wenn während meines Urlaubs keiner da ist, um sie zu versorgen? Verhungern dann womöglich die im Stich gelassenen Vögel? Kein Problem – mit einer leicht einzurichtenden Vorratsfütterung lassen sich Zeiträume von bis zu drei Wochen gut überbrücken. Ideal ist neben dem gut gefüllten Futterhaus folgende Dreier-Kombination, die auf dem Foto unten gut zu sehen ist:

1) **Das Großraum-Silo:** Einige Firmen (Schwegler, Vivara) bieten Futter-Silos an, die 6 Liter oder ca. 3,5 kg Streufutter fassen. Vom festgestellten Futterverbrauch her lässt sich leicht abschätzen, mit wie vielen, voll mit Futter gefüllten Großsilos sich welcher Zeitraum sicher abdecken lässt.

2) **Fett-(Meisen-)Knödel:** Sie können als ideales Ganzjahresfutter, das auch im Sommerhalbjahr sehr wichtig ist, ebenfalls in beliebiger erforderlicher Anzahl auf Vorrat angeboten werden, und zwar z. B. in der auf Seite 39 abgebildeten Stahlspirale. Diese lässt sich so weit ausdehnen, dass in einer Spirale sechs Knödel dargereicht werden können. Um den Vögeln das Fressen an den Knödeln zu erleichtern, sollte man sie ohne die sie umgebenden Kunststoffnetze in die Spirale einbringen. Dazu kann man einfach vorher die Netze entfernen. Mit einer Reihe von derart gefüllten Spiralen lässt sich ein längerer Urlaub gut überbrücken.

3) **Erdnuss-Spender:** Das auf Seite 38 abgebildete Gitterwand-Silo ist ebenfalls bestens geeignet für ein hochwertiges Futterangebot auf Vorrat (Nüsse, Knödel).

Die ideale Vorratsfütterung mit Futterhaus, Großsilos, Erdnuss-Spendern und Spiralen mit je sechs Meisenknödeln

Rechtliche Grundlagen der Wildvogelfütterung

Immer wieder erregen Vogelfreunde mit ihrem Zufüttern die Gemüter von Vermietern, Mitbewohnern oder Nachbarn, die sich durch zu viele Vögel, deren Kot, Futterabfälle oder durch ebenfalls angelockte Ratten u. a. belästigt fühlen. Oft gibt es dann heftigen Streit bis hin zu Kündigungen, und vielfach herrscht Ratlosigkeit.

Hier einige grundsätzliche Anmerkungen:

▶ Wer Haus- und/oder Gartenbesitzer ist, darf auf seinem Grundstück Wildvögel füttern – auch rund ums Jahr.

▶ Wer eine Eigentumswohnung besitzt oder zur Miete wohnt, sollte sich mit der Hausgemeinschaft bzw. dem Vermieter absprechen. Die Position dafür ist günstig, denn seit Kurzem gibt es ein positives Urteil vom Landgericht Berlin (Az.: 65 S 540/09), das besagt: Vögel füttern auf dem Balkon ist erlaubt. Begründet wird das Urteil damit, dass Vogelfüttern „sozialadäquat" und weit verbreitet sei und dass der anfallende Vogelkot keinen vertragswidrigen Zustand herbeiführe, der zu Mietminderung berechtigt, auch wenn Vögel durch Futterstellen und Tränken erst angelockt werden. Ausgenommen bleibt jedoch das Füttern von Haustauben im Hinblick auf starke Verschmutzungen oder gesundheitliche Bedenken. Tauben werden daher im folgenden Abschnitt gesondert behandelt (siehe Seite 61).

▶ Wenn auch das Berliner Urteil Vogelfutterstellen auf dem Balkon legitimiert, sollte man im Hinblick auf den Hausfrieden das Anlegen von Futterplätzen vorab absprechen. Ein gutes Gespräch oder ein kurzer Einführungsvortrag lassen vielleicht sogar Gleichgesinnte finden, mit denen eine gemeinsame Futterstelle im Hausgarten betrieben werden kann.

▶ Zudem empfiehlt es sich, getroffene Vereinbarungen mit dem Vermieter, der Hausgemeinschaft usw. schriftlich zu fixieren.

Maßnahmen vor einem Sommerurlaub

Gilt es, einen Sommerurlaub mit möglicherweise recht hohen Temperaturen und bisweilen starken Gewitterschauern zu überbrücken, sind drei weitere Vorkehrungen sehr hilfreich:

1) V. a. Knödel sollten im Schatten aufgehängt werden, sodass sie bei starker Sonneneinstrahlung nicht zu weich werden können.

2) Zum Schutz vor Sonne und Regen hilft, wenn Silos und Spiralen mit Knödeln unter einem waagerecht aufgehängten Brett, Blech oder Kunststoffdach angebracht werden, sodass sie von oben geschützt sind. Sie sollten aber gut angeflogen werden können, damit auch empfindliche Arten, wie z. B. Finken, die Futterstelle weiterhin besuchen und nicht abgehalten werden.

3) Damit sich bei hohen Temperaturen und viel Feuchtigkeit unter Fütterungen aus dem hinunterfallenden Futter kein unhygienischer Bodensatz für die am Boden fressenden Vögel bilden kann, ist folgende Abhilfe sehr zu empfehlen: Ein etwa 2,5 cm hoher und etwa 1 m × 1 m großer Lattenrost, z. B. aus Dachlatten, wird mit relativ feinem Maschendraht („Hasenstalldraht") bespannt und unter die Fütterungsstelle gelegt. So sind die unter den Draht fallenden Futterreste, die sich mit Vogelkot vermischen, nicht mehr für Vögel erreichbar und können nach dem Urlaub entsorgt werden.

Trotz seiner erheblichen Körpergröße kann sich der Grauspecht auch geschickt an Meisenknödel hängen.

Was ist wichtiger –
Winter- oder Sommerfütterung?

Viele werden sagen: Dumme Frage – natürlich erstere! Der Winter bringt in unseren Breiten harte Zeiten für Wildtiere – da brauchen viele Hilfe. Aber: Der Anschein kann trügen, und für eine sichere Beantwortung der Frage ist unerlässlich, zunächst den Energiebedarf unserer Vögel im Jahresablauf zu betrachten.

Sind die Jungvögel ausgewachsen und haben in der Mauser ihr leichtes Jugendgefieder durch ein schwereres, dichteres, besser isolierendes Alterskleid ersetzt[135], beginnt für sie, wenn sie nicht wegziehen müssen, eine relativ ruhige Zeit. Mit Beginn des Winters schieben viele Vögel im wahrsten Sinne des Wortes eine „ruhige Kugel". Die meisten Vogelarten unserer Breiten reduzieren nämlich, gesteuert von ihrem inneren Jahreskalender (einer biologischen Uhr) im Vergleich zum Sommerhalbjahr ihre Bewegungsaktivität. Diese Reduktion kann, wie wir an eingehend untersuchten Goldammern feststellen konnten, fast 40 % betragen[136]. In der Natur zeigt sich das folgendermaßen: Im Winter sieht man Goldammern häufig etwa in einem Nussbaum am Misthaufen eines Bauernhofs sitzen – lange Zeit fast regungslos, wie vom Herbst übrig gebliebene Blätter wirkend. Dabei sind die Vögel meist kugelig aufgeplustert, wodurch der Körper unter den aufgestellten Federn wie hinter Mehrfachfenstern warm gehalten wird (siehe Seite 69). Nur in größeren Zeitabständen suchen die Vögel im Misthaufen, an Scheunen, Ställen oder an einem Futterhaus eine Zeit lang nach Nahrung, dann nehmen sie zum Verdauen wieder ihre Ruheplätze ein. Diese ruhig verbrachten Tage werden im Mittwinter schon gegen 17 Uhr durch Schlafengehen beendet, und die Nachtruhe dauert bis gegen 8 Uhr am nächsten Morgen an.

Somit verbringen die Vögel um diese Zeit bei uns etwa 15 Stunden im sogenannten Ruhe-Stoffwechsel, in höheren Breitengraden sogar rund 20 Stunden. Dieser im Vergleich zum Grundumsatz des wachen Vogels reduzierte „Stoffwechsel auf Sparflamme" wird v. a. bei niedrigen Temperaturen am Schlafplatz und geringen Körperreserven häufig noch weiter heruntergefahren durch nächtliches Absenken der Körpertemperatur[168]. Derartigen Torpor benutzen auch Zugvögel im Sommer und Herbst, um den Aufbau von Fettdepots für ihre Wanderungen zu beschleunigen[137].

Bei ganzjähriger oder frühzeitiger Fütterung im Herbst können Meiseneltern (links) ihre Jungen (rechts) an Futterstellen führen, die sie so kennenlernen.

Weitere Energie wird im Winter gespart durch so wenig wie möglich Fliegen, da diese aufwendige Fortbewegung das Zehn- bis 30-fache des Grundumsatzes verbraucht. Manche Vögel, wie z. B. Auerhühner, sitzen – wenn sie nicht gestört werden – im Winter oft tagelang in ihren Fressbäumen, ohne ein einziges Mal aufzufliegen.

Schwerstarbeit im Sommerhalbjahr

Ganz anders sieht es für Vögel aus, wenn die Brutzeit naht: Dann heißt es zunehmend früher aufstehen, um das Revier zu markieren, ganztags singen, um Rivalen abzuhalten und Weibchen anzulocken, später folgt die Mammutarbeit der Jungenaufzucht. Die Nächte der Vögel schrumpfen gegen Mittsommer bei uns auf rund sechs Stunden – Gartengrasmücken in Südfinnland sind Anfang Juli fast 24 Stunden wach und füttern ihre Jungen 18,5 Stunden lang[138]. Aber es schrumpft im Sommer nicht nur die energiesparende im Ruheumsatz verbrachte Schlafdauer, sondern in der langen Wach- und Aktivitätszeit steigt auch das kostspielige Fliegen stark an. Um eine Kohlmeisenbrut erfolgreich aufzuziehen, müssen die Eltern etwa drei Wochen lang täglich rund 350-mal die Bruthöhle mit Futter anfliegen, das zunächst mit Hüpfen, Klettern und weiterem Fliegen gesammelt werden muss[139].

Vergleicht man für typische Vögel die Gesamtaktivität von Sommer und Winter bei uns wie hier beschrieben – also für Schlafen, ruhig Sitzen, Hüpfen, Fliegen, Futtersammeln usw. – im Hinblick auf den Energieaufwand, kommt man bei vorsichtiger Abschätzung zu dem Ergebnis: Vögel wie Goldammern und Kohlmeisen verbrauchen im Sommerhalbjahr im Mittel mindestens doppelt so viel Energie wie im Winterhalbjahr.

Dabei ist bisher nicht berücksichtigt ein im Winter eventuell nötiger Mehraufwand für „Heizung", also für Thermoregulation zum Erhalt der sehr hohen Körpertemperatur (siehe Seite 69). Aber das ist wohl auch nicht erforderlich, solange keine sehr extremen Winterbedingungen herrschen. Untersuchungen am Weißstorch haben nämlich ergeben, dass selbst bei im Winter bei uns im Freien gehaltenen Vögeln (die normalerweise in Afrika überwintern!) der Energieverbrauch für Thermoregulation nicht ansteigt[140]. Das wird möglich durch eine weitgehend kugelförmige Körperhaltung mit aufgestellten Federn, das Einziehen Wärme abstrahlender Körperteile wie Flügel, Beine und Schnabel tief ins Gefieder, verbunden mit starker Reduzierung von Bewegungen sowie durch weitere Anpassungen (siehe Seite 69), die zusammen eine weitgehende Beibehaltung des Grundenergiebedarfs vom Sommerhalbjahr bewirken.

Offensichtlich häufig wichtiger: die Sommerfütterung

Was lernen wir aus obigen Gegenüberstellungen? Bei vielen Vögeln werden kritische Engpässe zwischen dem besonders hohen Energiebedarf einerseits und geringem Nahrungsangebot andererseits eher im Sommer als im Winter auftreten. V. a. wenn die Winter nicht besonders streng sind und nun im Zuge der Klimaerwärmung eher zunehmend milder ausfallen, werden viele Vögel auch bei mäßigem Nahrungsangebot einigermaßen über die Runden kommen.

Im Sommer droht bei den sehr hohen Anforderungen hingegen schneller Gefahr: Finden Vögel bei schlechtem Wetter nur wenig Futter, das zudem wegen geringer Verfügbarkeit häufig auch noch weit entfernt vom Nest gesammelt werden muss, erreichen sie schnell ihre Leistungsgrenze, sodass Energie gespart werden muss. Von solchen Sparmaßnahmen zuerst betroffen sind dann immer die Jungvögel im Nest – sie erhalten weniger Futter als nötig. Hier kann die Sommerfütterung leicht und wirkungsvoll abhelfen: Sie liefert den Altvögeln – besonders durch Meisenknödel – den nötigen „Treibstoff" zur ausreichenden Futterbeschaffung für die Jungen (siehe Seite 59 f.) und kann damit auch in schwierigen Zeiten so manche Brut retten.

Hinzu kommt noch ein weiterer wichtiger Gesichtspunkt: Viele Vögel wie Amseln, Goldammern, Meisen u. a. vergrößern zum Winter hin Organe wie Herz, Brustmuskeln und Magen für bessere Thermoregulation[170] und legen sich zudem beträchtliche Fettdepots („Fettpolster") an, wenn es zeitweilig günstige Ernährungsbedingungen erlauben (siehe Seite 69). Diese Depots machen z. B. bei Amseln bis zu 20 % des Körpergewichtes aus[141] und sind äußerst wichtige Sicherheitsreserven für kritische Tage mit Nahrungsmangel.

Andererseits fallen die Fettdepots im Winter nicht groß ins Gewicht, da sich Vögel zu dieser Zeit bei uns nur relativ wenig bewegen. Fettdepots als Energiespeicher besitzen unsere Vögel zur Brutzeit allenfalls bis zum Schlüpfen der Jungen, danach sind sie weder zu erhalten noch wären sie sinnvoll, da sie die Aktivität bei der Futtersuche beeinträchtigen würden. Während der Jungenaufzucht leben unsere Vögel also von der „Hand in den Mund" (besser: vom Schnabel in den Magen) – das heißt ausschließlich von der unmittelbar verfügbaren Nahrung. Besonders auch deshalb ist für sie energiereiches Zufutter als Notnahrung im Sommer ganz wichtig.

Das Rezept für optimale Versorgung unserer Vögel lautet somit: Unbedingt das ganze Jahr über zufüttern, wobei die Fütterung im Winter vielfach Überlebenshilfe bringt, wenn das natürliche Nahrungsangebot selbst dem relativ geringen Energiebedarf nicht (mehr) gerecht wird.

Und stets daran denken: Im Sommer kann Zufütterung sogar noch wichtiger sein als im Winter, nämlich immer dann, wenn der in der Brutperiode extrem hohe Energiebedarf nur mit Zufüttern gedeckt werden kann und erfolgreiche Jungenaufzucht nur dadurch gesichert wird. Dabei ist wichtig: Auch im Sommer sollte stets Fettfutter – am besten in Form von Meisenknödeln – angeboten werden. Wenn Vögel viel fliegen müssen, verbrennen sie Fett direkt im Brustmuskel – es liefert sozusagen unmittelbar den „Treibstoff" für den „Flugmotor"[71, 165] und ist deshalb für Vögel auch im Sommer lebenswichtig.

Musterbeispiel für angepasste Futterstellennutzung: der Star

Der Star ist ein Paradebeispiel dafür, wie Vögel Futterstellen aus unserer Sicht geradezu „sinnvoll" nur dann nutzen, wenn erforderlich: zum einen, wenn sie durch Nahrungsengpässe in Notlagen geraten, zum anderen bei besonders hohem Energiebedarf, also v. a. in der Brutzeit. Ansonsten lassen Stare Futterplätze meist vollständig unbeachtet, selbst wenn sie sich länger in deren Nähe aufhalten. Damit strafen sie all diejenigen Lügen, die behaupten, Zufütterung mache frei lebende Vögel abhängig, faul und führe zu Wohlstandsverwahrlosung und Fettlebe.

Die zeitweilige Nutzung von Futterstellen durch Stare sieht bei uns am Wohnhaus und am Schafstall etwa folgendermaßen aus und kann so oder ähnlich an vielen Stellen beobachtet werden. Man braucht dazu: ein Futterhaus, zudem am besten in Drahtspiralen oder Gittersilos angebotene Meisenknödel, in der Nähe der Futterstelle befindliche natürliche Staren-Bruthöhlen oder aufgehängte Staren-Nistkästen und natürlich ein Umfeld, in dem Stare überhaupt leben und brüten können.

Dann ergibt sich etwa folgender Jahresablauf: In den meisten Gebieten Deutschlands sind Stare – noch – Zugvögel und kehren in der Regel ab Februar/März an ihre Brutplätze zurück. Sind ihnen Futterstellen bekannt, nutzen sie sie sofort nach ihrer Rückkehr, meistens ein paar Mal am Tag, um im Futterhaus Getreideflocken, Rosinen, auch Sämereien usw. zu verzehren und v. a. auch Fett von den Knödeln. Gibt es einen Nachwintereinbruch mit Schnee, der ihnen Wiesen und Felder unzugänglich macht und auch zu Zugstau führt[71], können Hunderte oder auch Tausende an die Futterstelle drängen, die dann „schwarz" werden kann (Foto Seite 44). Schmilzt der Schnee weg, verschwinden auch die vielen Stare rasch wieder, und die wenigen verbleibenden erscheinen wie zuvor ein paar Mal am Tag.

Das ändert sich in der Brutzeit, wenn nach der Bebrütung der Eier die Jungen gefüttert werden müssen. Dann sind meistens weite Flüge erforderlich, denn Stare benötigen zur Suche von Würmern, Larven usw. kurzrasige Wiesen, v. a. Viehweiden, die in vielen Gebieten durch intensiv gedüngte Mähwiesen, Maisanbau u. a. weitgehend verdrängt worden sind. Oft müssen sie sich dann mit gemähten Straßenrändern, Sportplätzen, Parkanlagen und dergleichen be-

helfen, wo das Nahrungsangebot meistens spärlich ist. Dieser eklatante Nahrungsmangel hat zu starkem Rückgang der Stare in ganz Europa geführt (siehe Seite 13). Bei Nistkastenkontrollen zur Brutzeit findet man häufig die unmittelbaren Auswirkungen davon: tote Jungvögel, die verhungert sind. Dagegen hilft die Ganzjahres- oder die stark in die Brutzeit ausgedehnte Winterfütterung.

Beobachtungen in der Brutzeit

Befindet sich in der Nähe von Starennestern eine Futterstelle, beobachtet man zur Brutzeit Folgendes: Die Altvögel kommen mit Larven usw. im Schnabel oft von weit her zum Nistplatz zurück, füttern die häufig laut bettelnden Jungen und fliegen danach den Meisenknödelbehälter an, wo sie hastig Fett fressen, bevor sie wieder z. T. kilometerweit ins Land hinausfliegen, um erneut Futtertiere für ihre Jungen zu sammeln.

Mit dem Fett von den Knödeln „tanken" die Vögel regelrecht den „Treibstoff", der ihnen selbst weite Flüge erlaubt. Das Fett wird nämlich in ihrem Flug-„Motor" – den Brustmuskeln – direkt zu Wasser und Kohlendioxid „verbrannt" (siehe Seite 58), wobei die Energie zum Fliegen entsteht. Können sie Fett an Futterstellen aufnehmen, brauchen sie selbst nur relativ wenig tierische Nahrung und können die gesammelten Futtertiere ganz überwiegend an ihre Jungen verfüttern, die damit in vielen Fällen auch bei schwer zu beschaffender natürlicher Nahrung durchkommen.

Bei sehr ungünstigem Wetter – niedrigen Temperaturen, Regen, Sturm – beobachtet man ein weiteres angepasstes

Meisenknödel liefern Staren den „Treibstoff", der ihnen helfen kann, auf den immer seltener werdenden Viehweiden genügend Futter für ihre Jungen zu sammeln.

Stare können Fett aus Knödeln nicht nur schnell und geschickt herauspicken, sondern auch durch „Zirkeln" – Spreizen und Drehen des geöffneten Schnabels – lockern.

Verhalten. Dann kommen die Altstare oft mit nur wenig Futter im Schnabel zum Nest zurück. Ist das der Fall, fliegen sie mit diesem Futter im Schnabel von Zeit zu Zeit zunächst die Fettknödel an, um zu den relativ wenigen Larven, Würmern usw. noch etwas Fett dazu aufzunehmen, bevor dann alles gemeinsam an die Jungen verfüttert wird. Dieses „Mischfutter" ermöglicht vielen Jungstaren, auch bei sonst meist tödlichen Nahrungsengpässen noch zu überleben. Auch nach solchen Mischfutter-Fütterungen fressen die Altvögel dann selbst wieder viel Fett, bevor die nächste Runde Schwerarbeit folgt. Ist der Nahrungsengpass vorbei, werden wieder Nahrungstiere als Alleinfutter an die Jungen verabreicht.

Spätestens mit dem Ausfliegen von Jungen von Zweit- oder Ersatzbruten verschwinden die Stare aus vielen Gebieten nahezu vollständig – und damit auch von den Futterstellen. Ein sogenannter Zwischenzug führt sie meist in tiefere Lagen wie die Rheinebene, wobei etwa Stare aus der Schweiz nordwärts bis Holland wandern können, bevor sie dann später im Jahr nach Süden in Winterquartiere im Mittelmeerraum ziehen[71]. Dieser Zwischenzug bringt die Vögel in Gebiete mit reichhaltigem Angebot an tierischer und pflanzlicher Nahrung, also von Insekten, Kirschen, Holunder- und Weinbeeren usw., in denen sie gut mausern und sich für den Wegzug vorbereiten können.

Bevor sie jedoch wegziehen, erscheinen die Alt- und auch viele Jungstare im September/Oktober noch einmal an den Brutplätzen und Nistkästen zur sogenannten Herbstbalz. Dabei singen sie oft stundenlang an ihren Bruthöhlen, schlagen in typischer Weise mit ihren Flügeln (Foto Seite 92) und tragen nicht selten auch etwas Nistmaterial ein. Ob diese Herbstbalz schon eine Art Einstimmung auf die nächste Brutzeit oder ein Überbleibsel einer früheren Herbstbrutzeit darstellt, lässt sich derzeit nicht beurteilen. Aber eines fällt auf: Obwohl sich unsere Stare bei der Herbstbalz oft nur wenige Meter von den Futterstellen entfernt aufhalten, die sie noch vor wenigen Wochen nach fast jeder Fütterung ihrer Jungen besucht haben und an denen sich auch ihre flüggen Jungen noch vor dem Zwischenzug gütlich getan haben, lassen sie die Futterplätze nun völlig unbeachtet. Stattdessen befliegen sie z. B. den Weinstock am Balkon daneben, die Hartriegelbüsche in den Gartenrandhecken, um Beeren zu verzehren, und sie jagen um die Mittagszeit stundenlang in charakteristischem Steig- und Gleitflug fliegende Insekten, auch direkt über der Futterstelle. Meist verschwinden die Stare gegen Ende Oktober in Richtung Winterquartier, ohne die Futterstellen auch nur noch ein einziges Mal besucht zu haben.

Anders sieht es aus in Gebieten, in denen Stare bei uns bereits regelmäßig überwintern, wie z. B. im Rheingebiet, etwa im Frankfurter Raum oder Ruhrgebiet. Dort kommen sie mit zunehmend winterlichen Bedingungen mehr und mehr an „ihre" Futterstellen zurück, die sie dann – wie oben beschrieben – wieder bis zum Ende der nächsten Brutzeit besuchen.

Fazit

Stare nutzen Futterstellen dann, wenn sie Probleme haben, ausreichend Nahrung für sich oder für ihre Jungen zu finden. Gibt es genügend Nahrung – wie v. a. nach der Brutzeit –, werden Fütterungen praktisch völlig gemieden. Hätten wir wieder ein reichhaltiges natürliches Nahrungsangebot wie bis in die 1950er-Jahre, bevor die Starenpopulationen Europas einbrachen (siehe Seite 13), würden Stare vermutlich gar nicht an Futterstellen auftauchen oder allenfalls bei Nachwintereinbrüchen. Nahrungsreiche Verhältnisse sind in unserer inzwischen ausgeräumten Landschaft für die nächsten Jahrzehnte keinesfalls zu erwarten, im Gegenteil eher noch weitere Nahrungsverknappung. Deshalb sollten wir Staren und vielen anderen zeitweilig bedürftigen Vogelarten durch ganzjährige Zufütterung für den Bedarfsfall einen gedeckten Tisch bereithalten.

Verwilderte Haustauben und frei lebende Wasservögel

Verwilderte Haustauben können an Futterstellen für Kleinvögel v. a. in Städten auftauchen, und diese „Stadttauben" bereiten häufig erhebliche Probleme. Zum einen fressen sie oft in Windeseile das gesamte ausgelegte, für ganz andere Vogelarten gedachte Futter weg, und zum anderen kann man unliebsam mit dem Gesetz in Konflikt geraten, wenn Verbote für das Füttern von Tauben oder Wasservögeln vorliegen.

Fütterverbote werden vielerorts erlassen, um „Taubenüberpopulationen" abzubauen, die häufig starke Verschmutzungen durch Kot hervorrufen[142]. Der Bayerische Verfassungsgerichtshof hat kürzlich ein Taubenfütterungsverbot ausdrücklich bestätigt und als verfassungskonform erklärt (Az Vf 5-VII-03). Demnach gilt für ausgewiesene Bereiche das Verbot, „Futter- und Lebensmittel auszulegen, die erfahrungsgemäß von Tauben aufgenommen werden"[143].

Stadttauben sind beliebte Beutetiere des im Bestand wieder zunehmenden Wanderfalken; ihr Verzehr schont Brieftauben und Wildvögel.

Durch das Aufstellen spezieller Taubenhäuser lassen sich Stadttauben gezielt versorgen und im Brutbestand kontrollieren.

Gegen unerwünschte Nahrungsaufnahme durch verwilderte Stadttauben kann man Futterstellen leicht schützen: am einfachsten durch Aufhängen von Futtersilos, ErdnussSpendern, Meisenknödeln usw., die entweder überhaupt oder zumindest an bestimmten Plätzen aufgehängt für Tauben unzugänglich sind. Aber auch Futterhäuser können leicht durch einfache Absperrgitter vor Tauben geschützt werden. Durch sie können Kleinvögel, und gegebenenfalls auch die relativ kleinen Türkentauben, mühelos ein und aus schlüpfen, nicht aber die deutlich größeren Haustauben. Türkentauben sollten keinesfalls ausgeschlossen werden, da ihre Bestände vielerorts abnehmen. Auch Vogelgrippe kann Zufütterung von Türken- und anderen Wildtaubenarten dringend erforderlich machen[144]. Selbst von einer Bodenfutterstelle kann man verwilderte Stadttauben fernhalten, indem man sie unter etwas Deckung, z. B. in lichtem Gebüsch, anlegt, sodass Tauben schlechten Anflug haben oder sich nicht hintrauen.

Ein gutes „Konzept zur tierschutzgerechten Regulierung der Stadttaubenpopulation" haben Mitglieder der „Bundesarbeitsgruppe Stadttauben" entwickelt. Ihr Ziel – wie das der Landestierschutzbeiräte – ist die „Schaffung und dauerhafte Erhaltung eines gesunden Taubenbestands mit an die lokalen Anforderungen angepasster und kontrollierter Größe" und eine „kontrollierte Fütterung" an speziellen Taubenhäusern (betreut von Taubenwarten). Auf diese Weise lassen sich Stadttauben angemessen ins Stadtleben eingliedern und auch als wichtige Nahrungsgrundlage für die wieder anwachsende Population des Wanderfalken erhalten.

Ist das Füttern von Enten und anderen Wasservögeln sinnvoll?

Es kann zweifellos reizvoll sein, am Ufer eines Sees Brotstücke ins Wasser zu werfen, um dann zu erleben, wie Schwäne, Blässhühner, Stock- und andere Enten sowie Möwen z. T. in großer Anzahl herbeieilen, um sich um die Futterbrocken zu balgen. Kommen Wasservögel an bestimmte Stellen rasch in großer Zahl, dann heißt das, dass sie dort regelmäßig gefüttert werden und an Futter gewöhnt sind – und damit ergeben sich schnell Probleme. Handelt es sich um kleinere Gewässer, wie z. B. Teiche in Stadtparks, womöglich ohne Zu- und Abfluss, führt das

Der Neubürger Türkentaube geht vielerorts im Bestand wieder zurück und sollte von Futterstellen nicht ausgeschlossen werden.

Zufüttern von Brot usw., das sich durch größere Besucherzahlen schon in wenigen Wochen zu Zentnermengen aufsummieren kann, zu einer erheblichen Verschlechterung der Wasserqualität. Eine derartige Eutrophierung („Düngung") kleiner Gewässer ruft meist übermäßiges Algenwachstum hervor, führt zu Wassertrübung und Faulschlammbildung, reduziert den Sauerstoffgehalt im Wasser usw. Dadurch werden viele Pflanzen, Kleinlebewesen und, wenn vorhanden, auch Fische geschädigt, wodurch das *natürliche Nahrungsangebot für Wasservögel verringert wird*. Und selbst in größeren Gewässern wie dem Bodensee kann das Füttern von Wasservögeln die natürlichen Lebensgemeinschaften in ufernahen Flachwasserzonen erheblich stören.

Futterzahme Wasservögel kommen vielfach nicht nur nahe ans Ufer, sondern häufig auch in angrenzende Promenaden, Parkwiesen usw. Dabei können weitere Probleme entstehen, wenn etwa ganze Trupps von Kanadagänsen, Schwänen oder Blässhühnern zum Futterbetteln in Liegewiesen von Bädern oder Kurparks laufen und dabei an vielen Stellen ihren Kot absetzen. In besonders schlimmen Fällen, wenn sich die angefütterten Vögel nicht vertreiben ließen, mussten aus Hygienegründen schon Bäder zeitweilig geschlossen werden.

Diese Reihe von negativen Faktoren der Fütterung von Wasservögeln macht es sinnvoll, diese Vögel in der freien Natur grundsätzlich *nicht* zu füttern. Vielerorts bestehen deshalb auch ähnlich strikte Verbote wie in Bezug auf das Füttern verwilderter Haustauben. Diese Verbote brauchen uns auch nicht zu bekümmern, da Wasservögel heutzutage in unseren relativ nährstoffreichen Gewässern praktisch überall ausreichend natürliche Nahrung vorfinden. Sollten irgendwo Engpässe entstehen, erreichen sie als schnelle Flieger rasch andere Gewässer, wo sie ihr Auskommen finden.

Davon gibt es Ausnahmen: extrem strenge Winter, wie z. B. den „Jahrhundertwinter" 1962/1963 mit der Bodensee-„Seegfrörne". In solchen Wintern geraten auch viele Wasservögel in große Not, und dann kann man ihnen durch das Offenhalten von Wasserflächen, Fütterung oder gar vorübergehende Aufnahme in geschützte Räume sinnvoll helfen[128]. Derartige Notfütterung macht jedoch keinerlei Sinn als gelegentliche Zufütterung von meist nährstoffarmem Weißbrot, sondern muss von Vogel- und Tierschutzverbänden mit hochwertiger Nahrung an festgelegten Futterstellen vom Ufer entfernt organisiert werden.

Kranke oder tote Vögel – was tun?

In manchen Ratgebern liest man, dass schon beim Auftreten eines toten Vogels an einem Futterplatz die Futterstelle sofort geschlossen werden sollte. Das ist Unsinn und könnte bei strengem Winterwetter u. U. Hunderte Vögel, die sich auf einen Futterplatz eingestellt haben, in Hungersnot bringen. Wir sollten vielmehr schrittweise vorgehen – von sorgfältiger Beobachtung über Diagnose zu angemessenen Maßnahmen.

Ein (gelegentlich) anfallender toter Vogel etwa auf dem Balkon oder der Terrasse ist sehr häufig das Opfer vom Anflug an eine Glasscheibe. Hört man öfter Futterstellen befliegende Vögel gegen Glasscheiben prallen, dann sollte man die Scheiben durch Vorhängen von Netzen, Abdecken mit Zweigen usw. schützen, besser sichtbar machen oder noch besser die Futterstelle an einen anderen Ort verlegen. Gegenwärtig werden in verschiedenen Instituten Fensterscheiben getestet, die eine für Vögel sichtbare, für uns jedoch unsichtbare abweisende Musterung im UV-Lichtbereich besitzen und die künftig Scheibenanflüge verhindern sollen. Scheibenanflug-Opfer kann man leicht erkennen an eingedrücktem Vorderschädel, Bluten aus dem Schnabel oder verschiebbarem Oberschnabel. Eindeutige Klarheit über die Todesursache erhält man von einer tierärztlichen Untersuchungsanstalt (zu erfragen beim Staatlichen Veterinäramt).

Gelegentlich tauchen kranke Vögel an Futterstellen auf. Lassen sie z. B. einen Flügel hängen, spricht das für eine Verletzung, z. B. durch eine Katze. Innere Krankheiten, v. a. der Befall mit Parasiten oder Infektionen, drücken sich meist folgendermaßen aus: durch aufgeplustertes Gefieder und kugelige Gestalt, abstehende Flügel, langsame Bewegungen (kurze Hüpfer), reduziertes Fluchtverhalten und häufige Flüssigkeitsaufnahme. Für dieses Erscheinungsbild kommt eine ganze Reihe von Ursachen infrage, v. a. Kokzidiose, Salmonellose, Kolibazillose, Bandwurmbefall oder auch einfach Altersschwäche.

Schon diese kurze Auflistung, die unvollständig ist, zeigt, dass ein relativ einheitliches Krankheitsbild durch ganz verschiedene Erreger verursacht werden kann, von denen einige am Futterplatz verbreitet werden *können* (Salmonellen, Kolibakterien, z. T. Kokzidien), viele aber andere Befallswege benötigen, wie z. B. bei Bandwurmbefall Zwischenwirte wie Käfer. Deshalb wäre es wenig sinnvoll, bei Auftreten weniger kranker Vögel eine Futterstelle ohne Weiteres zu schließen. Auch in diesem Fall sollte man schrittweise weiterverfahren. Hat man Glück, verschwinden einzelne kranke Vögel alsbald wieder – z. B., weil sie der Sperber gefangen hat. Lässt sich ein kranker, sehr geschwächter Vogel mit der Hand ergreifen (am besten mit Schutzhandschuhen), sollte man ihn von einem fachkundigen Tierarzt untersuchen lassen. Fallen tote Vögel öfter oder vermehrt an – was zum Glück sehr selten der Fall ist (siehe Seite 49) –, sollte unbedingt das Staatliche Veterinäramt eingeschaltet werden, um danach, eventuell nach dessen Vorschlägen, geeignete Maßnahmen vorzunehmen. Liegt tatsächlich eine Salmonellose vor, wird nach derzeitig üblicher Praxis eine Futterstelle für mehrere Tage geschlossen, alles alte Futter wird entsorgt, Futterspender werden desinfiziert oder gegen neue ausgetauscht, und der Boden im Futterstellenbereich wird am besten umgegraben. Nach einigen Tagen kann man dann die Futterstelle wieder in Betrieb nehmen, unter sorgfältiger Beobachtung im Hinblick auf eventuelle Rückfälle.

Dem „Glastod" – durch Anfliegen an Scheiben – fallen auch bei uns Millionen Vögel zum Opfer. Im Bereich von Futterstellen ist daher entsprechend vorzubeugen.

Sonderfall: Grünling

2005 kam es in Großbritannien zu einem Grünlingssterben durch Infektion mit Trichomonaden (Geißeltierchen, einzelligen Parasiten), die häufig Wellensittiche, Tauben u. a. befallen, Schwellungen im Kropfbereich hervorrufen und zum Tod führen können (Infoblatt Vetsuisse-Fakultät Univ. Zürich). Die Trichomonadose (Trichomoniasis) hat über Skandinavien 2009 auch Deutschland erreicht.

In Großbritannien fielen der Epidemie von den vier Millionen dort lebenden Grünlingen über eine halbe Million Individuen zum Opfer, in Deutschland immerhin Tausende, und die Infektionsquellen sind am wahrscheinlichsten Tauben. Neben Grünlingen waren – in weit geringerem Umfang – auch Buchfinken und weitere Körnerfresser betroffen, nicht jedoch Sperlinge, Meisen und viele andere Arten. Warum Grünlinge besonders anfällig sind, ist unbekannt. Während ihr Bestand in den letzten Jahrzehnten eher rückläufig ist[175], haben sie davor z. T. stark zugenommen und sind dabei möglicherweise wenig mit Trichomonaden in Berührung gekommen, sodass sie nicht ausreichend Abwehrkräfte dagegen entwickeln konnten.

Inzwischen ist die Infektion stark im Abklingen und hat selbst in England keinen Bestandseinbruch verursacht[145, 146]. Für Deutschland gibt der NABU 2010 „Entwarnung": „... trotz der Seuche ist die Zahl der hier gemeldeten Grünfinken stabil geblieben"[147].

Die Übertragung der Geißeltierchen erfolgt von Vogel zu Vogel durch Schnäbeln (gegenseitiges Füttern, Picken bei Streit usw.) und über Trinkwasser, in dem sich die Parasiten etwa einen Tag lang halten können. Daraus ergibt sich logischerweise: Auch wenn an einer Futterstellen tote Grünlinge anfallen, sollte sie nicht stillgelegt werden, wohl aber – wenn vorhanden – die Tränke.

Das Füttern einzustellen wäre aus fünf Gründen wenig hilfreich und sogar schädlich:

1. infizieren sich selbst Grünlinge am wenigsten über die Futteraufnahme,
2. hätten die vielen Arten und Individuen, die gegen Trichomonaden-Infektion immun sind, plötzlich kein Futter mehr,
3. haben infizierte Grünlinge eine umso höhere Überlebenschance, je besser ihr Ernährungszustand ist,
4. gibt es viele Grünlinge, die an Trichomonase nicht ernsthaft erkranken, denen aber Futterstellen sehr hilfreich sind, und
5. infizieren sich Grünlinge aufgrund ihres sehr geselligen Verhaltens auch vielerorts weitab von Futterstellen.

Noch zur Abgrenzung: Auch bei gelegentlich auftretenden Salmonellen-Infektionen sind häufig Finkenvögel betroffen, dann aber meist eine Reihe von Arten wie Zeisige, Buch-, Bergfinken oder auch Sperlinge[148] – über Gegenmaßnahmen siehe oben.

Seit 2001 verursacht ein aus Afrika eingebrachter Erreger – das durch Stechmücken übertragene und dem West-Nil-Virus verwandte Usutu-Virus – gebiets- und zeitweise erhebliche Vogelverluste, so z. B. ein gravierendes Amselsterben, das sich ab 2005 von Österreich bis Italien, die Schweiz und nach Süddeutschland erstreckte und danach wieder abflaute[167], aber seit dem Frühsommer 2011 nach Untersuchungen des Hamburger Instituts für Tropenmedizin wieder starkes Amselsterben in verschiedenen Regionen Nord- und Süddeutschlands verursacht.

Vogelgrippe

Sollte die 2006 bei uns ausgebrochene Vogelgrippe wieder aufleben, werden besondere Hygienemaßnahmen erforderlich sein und von den zuständigen Veterinärämtern und Vogelwarten in den Amtsblättern und Medien mitgeteilt werden. Dabei ist zunächst wichtig zu wissen: Singvögel sind nur sehr selten mit Vogelgrippe infiziert, und wenn, sterben sie eher rasch, als dass sie als Überträger infrage kommen[171]. Im Falle einer Epidemie reicht es, als Vorsichtsmaßnahme Schutzhandschuhe beim Hantieren an Futterstellen zu tragen. Das generelle Schließen von Futterstellen wäre absolut unsinnig, denn gerade Futterplätze können uns in vorzüglicher Weise Informationen darüber liefern, *wo* und bei *welchen Arten* regional Vogelgrippeerkrankungen auftreten und umgekehrt wo nicht. Damit ist die Futterstelle ein idealer *Indikator für eine mögliche regionale Verseuchung sowie für Unbedenklichkeit.* Vögel weiter zu füttern, empfiehlt auch der NABU. Wird für Geflügel Stallpflicht verordnet, kann Zufütterung nicht nur für Sperlinge, sondern auch für Türken- und andere Wildtauben dringend erforderlich sein[144] (siehe auch Seite 71).

Ergänzende Vogelschutzmaßnahmen

Michael Lohmann schrieb 2005[4]: „Ein auf Hochglanz polierter, mit dem Staubsauger gepflegter Garten bietet Vögeln weder Schutz noch Nahrung. Ein Futterhaus wirkt hier wie ein Widerspruch."

Das ist in der Tat so, oder wie ein Rufer in der Wüste, wenn z. B. dieses Futterhaus mitten auf einem „Psychopathen"-Rasen platziert ist (also einer heruntergehobelten Grünfläche, auf der von Frühjahr bis Herbst etwa wöchentlich einmal ein wie irre Anmutender hinter einer lärmenden und stinkenden Maschine herläuft, um anschließend das, wovon in Indien oder der Sahelzone ganze Familien mit ihren Ziegen und Hühnern das Jahr über gut leben könnten, in eine Abfalltonne zu stopfen und danach die Grasnarbenplantage mit Kraftdünger und Herbiziden gegen Gänseblümchen und Löwenzahn auf ordnungsgemäßen Wiederaufwuchs zu trimmen, bis zum nächsten Radikalverschnitt). Dabei bietet selbst schon ein kleiner Garten die Möglichkeit, eine „Oase in der zugepflasterten Zivilisationswüste"[105] zu schaffen, in der Vogelfutterstellen erst so recht ihre optimale Wirkung entfalten können. Wir hegen und pflegen z. B. auf unserem Grundstück im Bodenseebereich von

Kleines Haus in großem Garten – da bleibt viel Platz für die Natur, und noch mehr, wenn man es so weit wie möglich eingrünt.

600 m² Fläche (einschließlich Haus) neben allerlei Gemüse bis hin zu Kartoffeln und Kohl über 1000 einheimische *Wildpflanzenarten*, eingestreut zwischen Bäume und Büsche, auf allen Gartenpfaden und natürlich bis in die Gemüsebeete hinein, was die Erträge überhaupt nicht schmälert. Ein Meer von Tausenden von Blüten lockt Myriaden von Insekten an und die wiederum in großer Zahl insektenfressende Vögel, so wie später die samentragenden Stauden und Kräuter, die erst im Februar/März abgeräumt werden, ganze Trupps von Stieglitzen, Girlitzen, Gimpeln bis hin zu Weidenmeisen. Von derartigen heutzutage paradiesischen – aber noch vor etwa 50 Jahren völlig normalen! – Gartenverhältnissen finden Vögel ganz leicht Zugang zu den an verschiedenen Stellen angebrachten Futtersilos, Meisenknödeln, Erdnuss-Spendern oder zum großen Futterhaus, allesamt ausgerichtet für die ganzjährige Zufütterung. Im Folgenden die wichtigsten Maßnahmen.

Der vogelfreundliche Garten

Je strukturreicher ein Garten durch das Nebeneinander aller Vegetationsschichten, also von Bäumen, Sträuchern, Stauden und Kräutern, ist, desto mehr Vogelarten und -individuen kann er anlocken und beherbergen und somit auch Vogelfutterstellen finden und nutzen lassen. Aber es muss gar nicht unbedingt ein Garten sein – auch ein Balkon lässt sich mit üppig grünenden und blühenden Pflanzen in Kästen und Kübeln sommers wie winters als vogelfreundliche Oase gestalten, ebenso ein Dachgarten, Garagen- oder Werkstattdach.

Im vogelfreundlichen Garten bleiben alle Stauden und samentragenden Kräuter, soweit sie nicht Wege versperren, bis ins Frühjahr hinein stehen. Da sie ihre Samen oft erst allmählich bis weit in den Frühling hinein ausstreuen, können sie noch von heimkehrenden Girlitzen, Stieglitzen oder reviergründenden Sumpfmeisen genutzt werden, die sich häufig *wegen dieser Nahrungsquellen* in der Umgebung als Brutvögel niederlassen. Außerdem überwintern in stehen gelassenen Pflanzen viele Insekten und Spinnen, die Vögeln begehrte Nahrung liefern. Dasselbe gilt für Laubstreu und Laubhaufen, die ebenfalls bis ins Frühjahr verbleiben sollten, sowie für einen Komposthaufen, der in keinem vogelfreundlichen Garten fehlen sollte. Er bietet nicht nur bedeutsame Abfälle, wie z. B. Eierschalen zur Kalkaufnahme, sondern ist v. a. wegen seiner Dung- und Fruchtfliegen, Regenwürmer, Schnecken und sonstigen Bewohner beliebt.

Die attraktivsten Gartenpflanzen

An Bäumen muss man im Hausgarten oft übernehmen, was schon steht. Bei Neupflanzung eignen sich z. B. Obstbäume, die (auch) Vögeln Früchte bieten, Linden, die mit ihren Blüten riesige Mengen an Insekten versorgen, aber auch immergrüne Bäume, die v. a. im Winter Verstecke und Schlafplätze stellen.

Auch bei Sträuchern sollten in erster Linie einheimische Arten gepflanzt werden, da sie bevorzugt genutzt werden, hier v. a. Schwarzer Holunder, Heckenkirsche (beide liefern frühreife Beeren, auch Insekten und Nistplätze), ferner Felsenbirne, Faulbaum, Pfaffenhütchen, Hartriegel und Schneeball (später reifende Früchte). Weiterhin kann z. B. ein Wacholderstrauch weit und breit das einzige Brutpaar Hänflinge oder Klappergrasmücken beherbergen. Wenn es der Platz erlaubt, sind auch Schmetterlingsstrauch, Brombeere, Traubenkirsche u. a. ideal.

An Beerensträuchern und auf Obstbäumen lässt man einen Teil der Früchte hängen, die – auch noch als Fallobst – bis weit in den Winter hinein zur Verfügung stehen. Bei Schnee bieten frei geräumte Flächen unter Bäumen und Sträuchern vielen Vögeln Zugang zu allerlei Fressbarem einschließlich Magensteinchen für die Verdauung.

Wer es ermöglichen kann, sollte kletternde Pflanzen ansiedeln wie v. a. Anemonenwaldrebe, Efeu, Kriechrose, Zaunrübe, Weinrebe, Wilden Wein, Klettertrompete u. a. Sie bieten Vögeln eine ganze Reihe von Attraktionen: gute vor

Die wochenlang blühende Wegwarte ist dekorativ und bietet Stieglitzen u. a. Samen über viele Monate bis ins Frühjahr hinein.

Katzen, Marder und Sperber geschützte Tagesaufenthalts-, Schlaf- und Nistplätze, günstiges Mikroklima, reiches Insektenvorkommen und v. a. die Efeu-Beeren als begehrtes Zusatzfutter vom Winter bis in den Sommer hinein[67]. Wichtig ist ein reichhaltiges Angebot an Stauden, sowohl wegen vieler Insekten als auch wegen der Samen, hier v. a. Disteln (Acker-, Esels-, Wollkratz-, Kugel- und weitere Arten), Karden (besonders die Behaarte wegen ihrer vielen Samen für Stieglitze u. a.), Wegwarte (wie vorherige), Engelwurz, Flockenblumen, Mädesüß, Knöterich, Steinklee, Natternkopf, Königskerzen u. v. a.

Eine einzige Kriechrose stellt nach zehn Jahren viele Raummeter Versteck und Nistplatz zur Verfügung und erfreut mit einem Blütenmeer.

Wer viele Vögel im Garten ansiedeln will, muss reichlich Nisthilfen anbringen, die heute in vielerlei Form angeboten werden.

Auch Brennnesseln sind wertvoll, nicht nur für Schmetterlinge u. a. Insekten, sondern auch für Vögel, die, wie z. B. Gimpel, die Samen verzehren. Und ebenso sollten viele einjährige Kräuter gedeihen, insbesondere ehemalige Acker-„Unkräuter", die ebenfalls von vielen Vogelarten und Insekten genutzt werden. Samen sind heute über Naturgarten-Gärtnereien erhältlich.

Und schließlich sollte in einem Vogel-Paradiesgarten die Anwendung von Chemikalien auf ein Minimum beschränkt werden, zumal viele angelockte Vögel die „Schädlings"-Bekämpfung ohnehin übernehmen (siehe Seite 71). Einige Publikationen informieren eingehend über Vogelfutterpflanzen, die sich auch für den Hausgarten eignen, so eine Serie in „Gefiederte Welt" („Futterpflanzen für unsere Gefiederten", in über 15 Fortsetzungen bis 2011[149]), und viele Details findet man in guten speziellen Büchern[150–152].

An Nistplätze denken

Da Futterstellen viele Vögel veranlassen, möglichst in deren Nähe zu brüten, sollten reichlich Nistgelegenheiten, v. a. Nistkästen und -steine, zur Verfügung gestellt werden, sodass nicht etwa Nistplatzmangel brutwillige Vögel fernhält. Dabei sollte auch an Sperlings- und Starenbrutplätze im Hausdachbereich, an Halbhöhlen für Rotschwänze usw. gedacht werden.

Als Richtwert gilt: Ein Garten von etwa 500 m² Fläche sollte, wenn ausreichend Bäume, Schuppen oder andere Aufhängplätze zur Verfügung stehen, mit etwa zehn bis 20 Nistkästen in möglichst vielen Bautypen[153] bestückt werden. Dann können Vögel geeignete Kästen aussuchen, ohne Konkurrenzdruck brüten und in großer Anzahl den Garten von „Schädlingen" weitgehend frei halten (siehe Seite 71). Über die Vielzahl wirklich geeigneter Nistkästen und sonstiger Nisthilfen informieren v. a. die Kataloge der führenden Firmen (Schwegler, Vivara) sowie einige Bücher[143] und Übersichtsarbeiten[153].

Mit wenig Mühe lassen sich viele vorteilhafte Kleinstrukturen herstellen, wie z. B. Holzstöße oder Reisighaufen, in denen sich v. a. Zaunkönig, Rotkehlchen oder Bachstelze ansiedeln können, oder Steinhaufen und Natursteinmauern, die sowohl Nistplätze als auch eine für viele Vögel wichtige Kleintierwelt beherbergen.

Kann ein naturnaher Garten das Zufüttern ersetzen?

An verschiedenen Stellen liest man immer wieder in etwa dies: „Ein naturnaher Garten kann [...] die Fütterung ersetzen." Das schreiben auch durchaus Biologen, von denen man ökologisches Grundwissen erwarten würde[154].

Wie unsinnig solche Vorstellungen sind, zeigt folgende einfache Berechnung: Angenommen, es stünden 500 m² für einen naturnahen Garten zur Verfügung und man würde ihn – für eine optimale Ausbeute an Vogelfutter – ganz mit Sonnenblumen bepflanzen: Dann ergäbe sich nach den landesüblichen Erträgen (von ca. 25 dt/ha, Statist. Jb. 2007; dt = Dekatonne, entspricht 100 kg) eine Ernte von 125 kg Sonnenblumenkernen. Die landläufigen naturnahen Gärten von ökologischen Musterbürgern, die wir kennen, brächten es allerdings auf höchstens 10 kg Sonnenblumenkerne oder etwa 5 kg diverse Wildkräutersamen (was sehr viel ist – man führe einmal in seinem Garten Kontroll-Wägungen durch!). Diese Mengen decken jedoch gerade einmal den Jahresfutterbedarf von etwa drei (!) Grünlingen! Mit den anfallenden Mengen an Insekten, Spinnen usw. sieht es ähnlich mager aus, und die eventuell in größerem Umfang vorkommenden Früchte und Beeren sind ohnehin nur relativ nährstoffarmes Beifutter, das als alleinige Nahrung keinesfalls ausreicht und meist schon nach wenigen Tagen zum Tod führen würde (siehe Seite 18). Und selbst ein riesiger Garten von einem Hektar Fläche oder mehr könnte bei reichhaltiger Vegetation nur eine kleine Anzahl von Vögeln dauerhaft versorgen, wie auch intakte Feldflur. Also: Wer Vögeln in seinem noch so naturnahen Garten wirklich helfen will, der muss zufüttern – und zwar am besten das ganze Jahr hindurch!

Die Ambrosie: erst Schreckgespenst, heute fast vergessen

Vor wenigen Jahren wurde v. a. von sensationslüsternen Medienvertretern eine zu uns vordringende „neue" Pflanze Nordamerikas zum Schreckgespenst aufgebauscht – die Ambrosie (*Ambrosia artemisiifolia*), ein dem Beifuß ähnlicher Korbblütler.

Unbestritten: Die zwar schon vor über 100 Jahren eingeschleppte, aber nun seit 2005 aus Südeuropa zunehmend zu uns vordringende Ödlandpflanze ist unerwünscht, da sie ein sehr starkes Pollenallergen freisetzt, das Juckreiz, Rötungen oder auch Asthma hervorrufen kann. Hauptverbreitungsgebiete, vorwiegend in Süd- und Ostdeutschland, sind bei uns Straßenränder, v. a. entlang von Autobahnen und Bundesstraßen, und Industriebrachen sowie Bahn- und Hafenanlagen, auch Neubausiedlungen.

Damit wird auch der Weg zu uns rasch klar: Einschleppung von Samen aus Süd- und Osteuropa durch Fahrzeuge, v. a. beim Transport von Saatgut, und Weiterverteilung durch Erdbewegungen. Bevor die Gefahr erkannt wurde, sind große Mengen von *Ambrosia*-Samen mit Sonnenblumenkernen für die Ölproduktion, in Getreidelieferungen, Hühnerfutter usw. eingeschleppt worden[155, 156]. Klar, dass z. B. mit Sonnenblumenkernen etwa aus Ungarn auch *Ambrosia*-Samen ins Vogelfutter gelangten und Ambrosien unter

Futterhäuschen sprießten. Aber was dann passierte, ist mindestens so schrecklich wie die Invasion der lästigen Pflanze: Ihr Vordringen wurde von skrupellosen Schreiberlingen fast ausschließlich den „bösen" Vogelfütterern angelastet! Noch 2011 finden sich Artikel betitelt „*Ambrosia*-Samen werden durch Vogelfutter verbreitet"[157]. Dabei hat die Vogelfutter- wie die Öl-, Saatgut- und sonstige Industrie längst mir rigorosen Reinigungsverfahren reagiert, die nahezu „Ambrosia-frei-Garantie" bewirken. Der gesetzliche Grenzwert in der Schweiz liegt z. B. unter 0,005 %. Wenn heute noch Verunreinigungen auftreten, dann am ehesten in den riesigen Futtermittelmengen für die Massenhaltung von Geflügel[169].

Und sollte tatsächlich einmal ein „Traubenkraut", wie die Ambrosie auch heißt, unter dem Futterhaus aufgehen: das zum Glück einjährige Pflänzchen ausrupfen, entsorgen, auch einfach eintrocknen lassen oder kompostieren oder wie unsere Schweizer Nachbarn im Unterwallis in Schnaps einlegen – dort eine lokale Spezialität[158]!

Die Ambrosie ist im wahrsten Sinne des Wortes ein „Grünkraut": Bis auf die teilweise etwas dunklen Stängel wirkt alles grün, auch die Blüten und Blattunterseiten, die beim verwandten Beifuß graufilzig sind.

Die eingeschleppte Ambrosie wurde von den Medien viel zu gefahrvoll dargestellt. Dabei lässt sie sich leicht vor der späten Blütezeit ausrupfen. Inzwischen sind auch ihre Samen aus dem Vogelfutter fast verschwunden.

Fazit und Ausblick

Vögel sind auf geradezu wundersame Weise in der Lage, selbst unter ganz extremen Bedingungen den Winter zu überstehen, für uns oft nahezu unvorstellbar. So überwintern sogar im Polarkreisgebiet kleine Arten wie Lapplandmeise oder Polarbirkenzeisig, obwohl dort die Temperatur bis zu −50 °C abfallen kann und die Tageslichtdauer im Mittwinter in Dämmerungsform nur wenige Stunden beträgt. Und in der Antarktis brüten Pinguine sogar bei Temperaturen um −50 °C ihre Eier aus. Aber auch in unseren Breiten ist es oft nahezu unfassbar, wie etwa ein Fink oder eine Meise Schneesturmnächte bei −25 °C zu überleben vermögen, in denen wir schon auf dem kurzen Weg vom Auto bis zur Haustür einen Kälteschock empfinden können.

Überwinterungskünstler

Vögel sind aufgrund einer Reihe von speziellen Körper- und Verhaltensanpassungen Überwinterungskünstler. Einzigartiger Isolator gegen die Kälte ist das Gefieder. In der im Winter aufgeplusterten „Federkugel" werden die dachziegelartig-schuppenförmig übereinandergreifenden Federn durch Muskeln so gestellt, dass zahllose Luftkammern entstehen, womit der Körper wie hinter Mehrfachfenstern 40 °C und mehr „heiß" gehalten werden kann. In diesem „Wärmeball" werden Beine und Füße so weit wie möglich eingezogen und beim Schlafen auch Gesicht und Schnabel hineingesteckt – die perfekte Isolationskugel.

Es bleiben die Fußsohlen, die auch nachts eiskalte Ästchen umspannen oder bei vielen Wasservögeln auf dem blanken Eis aufliegen – und das scheint den Vögeln offenbar problemlos möglich zu sein, während uns schon ein kurzer Barfuß-Ausflug im Schnee unsägliche Schmerzen bereiten kann. Des Rätsels Lösung beim Vogelbein ist ein Temperaturgefälle vom Bauch bis zur Fußsohle von etwa 35 °C bis auf 0,5 °C, das durch ein sogenanntes Wundernetz von Blutgefäßen gesteuert wird und an den Füßen einerseits gefährlichen Wärmeverlust und andererseits ein Festfrieren verhindert.

Andere Überlebensmechanismen für die kalte Winterzeit sind: Das Schlafen in Gruppen, z. B. von Baumläufern, spart dem Einzelvogel bis zu etwa 20 % an Energie, ebenso das Nächtigen von Meisen oder Staren in Nisthöhlen oder von Hühnervögeln in Schneehöhlen. Die Anlage gewisser Fettdepots, wie wir sie v. a. bei Zugvögeln als „Treibstoffvorrat"

kennen[71], erhöht bei Standvögeln zwar kaum die Isolation, aber die Chance, bei Nahrungsknappheit eventuell doch zu überleben.

Und damit sind wir wieder beim Thema Fütterung: Alle Winteranpassungen unserer Vögel funktionieren letztlich nur dann, wenn eine Grundvoraussetzung erfüllt ist – *es muss ausreichend Nahrung zur Verfügung stehen*. Wie sehr die Nahrung ausschlaggebend ist, zeigt die Tatsache, dass man selbst viele subtropische Vögel unter den bei uns typischen Winterbedingungen problemlos im Freien halten kann, wenn sie ausreichend ernährt werden. Oder unsere Weißstörche, die früher ausnahmslos nach Afrika gezogen sind, überwintern heutzutage in großer Zahl erfolgreich in Europa, wenn sie zumindest in strengen Winterperioden *gefüttert* werden.

Zufüttern bewirkt Wunder

Wir waren beim Zusammentragen der Daten für das vorliegende Buch selbst überrascht, wie viele *praktisch ausnahmslos positive Auswirkungen die Zufütterung im Winter und noch weit mehr die Ganzjahresfütterung auf unsere Vogelwelt hat*. Sie reichen von der Zunahme der Vogeldichte ums Haus, in Hof und Garten, im Wald und in der offenen Feldflur, dem Anstieg und der Neuansiedlung von Brutpopulationen über Verbesserung des Bruterfolgs vom

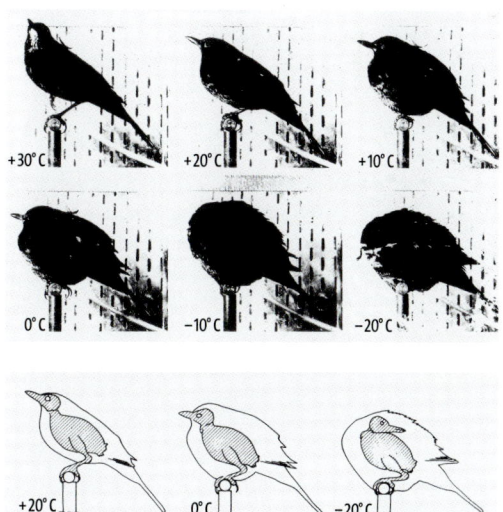

Mit abnehmender Umgebungstemperatur machen sich Amseln mehr und mehr kugelig (Fotos, oben); dabei „verschwinden" sie im Gefieder (Schema, unten).

Immer wieder ein Augenschmaus: ein Trupp der grazilen Schwanzmeisen am Futterplatz – im Bild an einer der beliebten Fettrollen („Energiekuchen")

... als einzige generelle Soforthilfe

Fassen wir noch einmal die wichtigsten Gesichtspunkte über den Zustand unserer Vogelwelt und den Sinn des Fütterns kurz zusammen.

Nach den Erhebungen der IUCN ist inzwischen jede achte bis siebente der weltweit rund 10 000 vorkommenden Vogelarten im Fortbestand bedroht; bei uns sind rund 50 % der Arten als mehr oder weniger gefährdet in den „Roten Listen" eingestuft. Weltweit weiten sich wie bei uns Bestandsrückgänge nach wie vor weiter aus und übertreffen Stabilisierungen von Beständen oder gar Umkehrungen zu Bestandszunahmen[159, 27]. Dieser sich z. T. rapide beschleunigende Rückgang von Vögeln etwa in tropischen Regenwaldgebieten, aber auch in unseren intensiv betriebenen landwirtschaftlichen Nutzflächen ist in absehbarer Zeit weder durch „Biotopgestaltung", Renaturierungsmaßnahmen oder dergleichen aufzuhalten oder gar umzukehren. Er wird sich auch durch Zufütterung nicht generell beheben lassen. Da aber in unseren Breiten die Lebensraumverschlechterung auf Feldern, Wiesen, in Obstgärten, Weinbergen, Stadtparks, an Straßen- und Wegrändern und ganz besonders auch in unseren Hausgärten *auf sehr stark verminderter Nahrungsgrundlage* beruht, verursacht durch alle möglichen „Ausräumaktionen", vermag Zufütterung von Vögeln *sehr viel* zu helfen.

Wenn wir es z. B. schaffen würden, in jeder kleineren Landgemeinde mehrere Ganzjahresfütterungen einzurichten, an denen sich jeweils aus der näheren und weiteren Umgebung Hunderte von Meisen, Ammern, Finkenvögeln,

frühen Legebeginn an, über gesteigerte Eiqualität, erhöhten Schlupf- und Ausfliegeerfolg bis hin zu verbesserter Konstitution für das weitere Leben und das eigene Brüten von Nachkommen in Folgegenerationen.

Die wenigen Einschränkungen, wie z. B. Gefahren durch mangelnde Hygiene oder Verabreichung von ungeeignetem Futter, lassen sich mühelos vermeiden und fallen insgesamt überhaupt nicht ins Gewicht. Wer also bei dem derzeitigen Wissensstand die Zufütterung von Vögeln weiterhin schlechtreden will, kann das eigentlich nur mit *hanebüchenen, an den Haaren herbeigezogenen Scheinargumenten* tun. Und die zu erkennen, dürfte nach der Lektüre dieses Buchs nun nicht mehr schwerfallen. Da die Scheinargumente gegen die Fütterung gottlob ohnehin nur bei relativ wenigen Zweiflern fruchten, sind bestimmte Gruppen von „Naturschützern" inzwischen auch mehr zum „direkten Angriff" übergegangen. So lesen wir z. B. unter www.luxnatur (30. 11. 2005): „Mehr spenden – weniger füttern ...!"

Tipp Gemeinschaftlicher Futterplatz

Steht kein Hausgarten für eine Fütterungsanlage zur Verfügung, lässt sich sicher in den meisten Gemeinden an einem Feldgehölz, Waldrand o. Ä. ein Vogelschutzgarten anlegen, in dem Vögel mit Fütterungen, Tränken, Nistkästen u. a. versorgt werden können. Die meisten Gemeinden werden heutzutage dafür ein Grundstück zur Nutzung zur Verfügung stellen, das dann am besten von einer Gruppe von Vogelfreunden unterhalten werden sollte. Ein Ansitz zum Beobachten und Fotografieren könnte zudem die Ausbildung Jugendlicher fördern und solchen kleinen „Vogelschutzgärten mit Fütterung" zu großer Bedeutung verhelfen.

Drosseln, Staren, in Notzeiten auch (wie früher) Lerchen sowie kleinere Weichfresser wie Zaunkönig, Goldhähnchen u. v. a. teilweise miternähren könnten, würden unsere Vogelbestände insgesamt wieder deutlich ansteigen. Und ebenso ließen sich natürlich in größeren Gemeinden bis hin zu Großstadtbereichen mit entsprechend vielen Futterstellen bestimmte Vogelpopulationen rasch wiederaufbauen. Und das würde sich auch „rechnen". In einer sorgfältigen Studie von führenden Meisenforschern ist gezeigt worden: Schon drei Kohlmeisen-Brutpaare können mit ihren Bruten auf einem Hektar ökologisch betriebener Apfelbaumanlage 23–49 % der „Schädlings"-Raupen vertilgen[160]! Nachdem wir gesehen haben, wie leicht sich Kohlmeisenbestände durch Zufütterung steigern lassen, eröffnen sich hier geradezu ungeahnte Möglichkeiten für den biologisch-dynamischen Obstbau und die Reduktion von Spritzmitteln.

Fazit

Lasst uns also Vögel zufüttern, wo immer es uns möglich ist – zumindest im gesamten Winterhalbjahr, viel besser rund ums Jahr (natürlich wie beschrieben in der Regel mit Ausnahme von Wasservögeln und von verwilderten Haustauben). Wir tun damit Vögeln *absolut nur Gutes* und leisten, je umfangreicher und intensiver wir füttern, einen umso wirkungsvolleren *Beitrag zum Vogelschutz*, im Einzelnen: *zum Erhalt stabiler Populationen häufiger Arten* (von denen wir zum Glück noch einige haben), aber auch zum *Erhalt und sogar zum Wiederaufbau von Populationen* (inzwischen) *weniger häufiger und stark abnehmender Arten* (wie z. B. Star, Haussperling, Stieglitz) und *damit insgesamt zum Erhalt der Artenvielfalt*.

Da viele von uns (einschließlich von uns beiden Autoren) ohnehin zu dick sind, muss die Vogelfütterung vielfach nicht einmal eine große finanzielle Belastung sein, wir können sie nämlich über eine Art *Diät* einrichten: etwas weniger für uns, etwas mehr für die Vögel – was beiden guttut. Wenn wir uns dabei auch etwas von der Mentalität des heiligen Franziskus zu eigen machen, wird das Füttern nicht nur Freude bereiten, sondern auch ein gutes Gewissen, indem wir den an den Rand unserer „humanen Zivilisation" gedrängten Mitgeschöpfen etwas von dem zurückgeben, was wir uns mit Raubbau und einem martialischen Einsatz von Energie, Dünger, Umweltgiften u. a. zunächst recht gewissenlos angeeignet haben. Und auf der Basis des vorliegenden Buchs kann man künftig nicht nur mit gutem

Vorsicht! Zum Schluss noch eine Warnung! Wer sich über Vogelfütterung und damit zusammenhängende Fragen weiter informieren möchte, sollte sich dazu solide Literatur – Bücher über die Biologie der Vögel, Originalartikel in wissenschaftlichen Zeitschriften usw. – besorgen oder den ausgewiesenen Fachmann fragen, das Internet hingegen meiden. Geht man dort durch die Tausenden von „Richtlinien" usw., begegnet man einem Wust von zwar teils Richtigem, aber teils absolut Falschem und Irreführendem in bunter Mischung, sodass es wiederum nur für Fachleute möglich ist, dabei Weizen in der vielen Spreu zu finden.

*Ge*wissen, sondern auch mit bestem Sachwissen zu Werke gehen und alle möglichen eigennützigen Attacken gegen das Füttern leicht parieren.

Nochmals zur Vogelgrippe

Abschließend auch hier noch ein Wort zur Vogelgrippe. Es ist wahrscheinlich, dass aus den für uns nahezu unvorstellbaren Massengeflügelhaltungen Ostasiens Vogelgrippe auch künftig wieder zu uns vordringen wird. Das sollte uns von der Vogelfütterung jedoch nicht abhalten. Ohne unsere Massentierhaltungen kämen Epidemien wie die aggressive Vogelgrippe gar nicht zustande und würden dann auch nicht sekundär durch Übertragung Wildvögel schädigen, die dann wiederum wie krankes Hausgeflügel auch uns gefährden können. Vor diesem Hintergrund wäre es grob unbillig, durch Einstellen von Fütterungen unsere Wildvögel ausbaden zu lassen, was wir zunächst durch nicht artgemäße Tierhaltung verursacht haben. Das gilt umso mehr, als man sich vor der von Vögeln übertragbaren Grippe durch einfache Hygienemaßnahmen (Schutzhandschuhe, eventuell Mund- und Nasenschutz, danach gründliches Händewaschen) ausreichend schützen kann. Denken wir besser daran: Ein weitaus größeres Schreckgespenst als eine Vogelgrippewelle wäre ein Frühjahr ohne Vogelgesang – das würden viele von uns nicht ertragen. Was wünschen sich die Autoren im Hinblick auf dieses Buch? Landauf, landab in Bälde Tausende und Abertausende von Ganzjahresfütterungen und eine rasch anwachsende Schar von glücklichen fütternden Vogelfreunden inmitten von vitalen und auch wieder zunehmenden Vogelbeständen (siehe auch Seite 64).

Einige bemerkenswerte Besprechungen ...

Zum Abschluss des allgemeinen Teil des Buches noch einige interessante Rezensionen von Fachleuten sowie beherzte Leserzuschriften.

„Als ich dieses Buch in die Hände bekommen habe, habe ich als Erstes gedacht: Endlich, denn ein solches Buch hat auf dem deutschsprachigen Markt wirklich gefehlt, und als ich es durchgelesen hatte, hätte ich mir gewünscht [...] dass dieses Buch in millionenfacher Auflage gedruckt und an alle [...] Haushalte verteilt würde. Damit wäre dem Vogelschutz in Deutschland mehr gedient als durch noch so ausgefeilte Gesetzgebungen, rote Listen oder Resolutionen der verschiedensten Art."
(N. Rieder, Zool. Inst. Univ. Karlsruhe, BNA-aktuell 1, 2007)

„Vogelfüttern ist wichtiger denn je, denn die ausgeräumte Zivilisationslandschaft hat selbst häufigen Arten neben anderen Lebensgrundlagen auch die Nahrung weitgehend entzogen [...] Nicht nur deshalb ist das Büchlein jedem zu empfehlen, sondern weil dieser kurzgefasste Ratgeber wirklich Biologie unter die Leute bringt."
(E. Bezzel, Falke 53: 440, 2006)

„Befreiungsschlag für Naturfreunde [...] Praxiserprobt, optimal, wichtig und umfassend sind die passenden Schlagworte für dieses Buch [...] ein Muss."
(T. Griesohn-Pflieger, Vögel 2: 92, 2007)

„Dem wichtigen [...] Buch [...] ist [...] weite Verbreitung [...] und Anwendung der höchst kompetenten Empfehlungen zu wünschen."
(H.-W. Helb, Univ. Kaiserslautern, Polichia-Kurier 23: 62, 2007)

„Das bunte Stelldichein am Futterhäuschen ist mehr als eine Augenweide: Es ist heute ein Beitrag zum Artenschutz und zum Erhalt der Artenvielfalt."
(E. & M. Pfefferle, Natur Regio 2: 24, 2007)
„Selten habe ich ein Buch so intensiv gelesen [...] Bereits an diesen kurzen (eigenen) Beobachtungen kann man erkennen, wie wichtig es ist, den Vögeln Zusatzfütterungen zu bieten."
(J. Stahl, Gefiederte Welt 12: 356, 2007)

... und Zuschriften

„Ich wollte Ihnen nur kurz für Ihr wunderbares Buch danken. Wir leben hier in einer Großstadt; es fehlen Garten und Balkon. Dafür haben wir genügend Fenster, an die wir Futterstationen angebracht haben. Es ist unglaublich, wer hier mittlerweile alles so vorbeischaut: Meisen, Grünlinge, Buchfinken, ganze Familien von Stieglitzen, Amseln, Rotkehlchen, Kleiber und sogar [...] ein Buntspecht! Es ist eine unglaubliche Freude, die Futterstationen zu beobachten!"
(J. L., Essen)

„Was sind wir Ihnen sehr dankbar für Ihr Update über korrekte Vogelfütterung – ein unverzichtbares Buch, wird sicher in 100 Jahren bei Ebay genauso gehandelt wie ‚Der gesamte Vogelschutz' von Berlepsch!"
(Herzliche Grüße aus Franken, M. & P. D.)

„Zum Nikolaustag bekam ich [...] das Buch [...] geschenkt. Ich entschied mich [...] mit dem Rauchen aufzuhören [...] und mit dem gesparten Geld etwas für die Vogelwelt zu tun."
(J. B., Heidelberg)

Wer regelmäßig füttert, kann durchaus auch mit „Irrgästen" rechnen, wie z. B. mit einer Kappenammer.

Wie geht es weiter?

Das Zufüttern von Vögeln wird – weltweit – weiter erheblich zunehmen, aus ganz offensichtlichen Gründen: Die wachsende Weltbevölkerung und deren steigender Nahrungsmittelbedarf einerseits sowie Rückgang der Anbauflächen für Lebensmittel durch Klimaerwärmung, Erosion und Flächenbedarf für Bioenergieproduktion andererseits werden zu noch stärkerer Intensivierung der Landwirtschaft führen – und damit in Verbindung mit anderen Faktoren wie Waldrodung, Überbefischung von Gewässern, Zunahme von Parasiten infolge der Klimaerwärmung usw. zu weiterem dramatischen Rückgang von wild lebenden Pflanzen und Tieren.

Vogelfreunde werden dem Artensterben ihrer Lieblinge gegensteuern, v. a. auch durch Zufüttern, wie das heute schon in der ganzen Welt geschieht: bei uns in Europa noch überwiegend im Winter, aber wie in England längst ganzjährig auch in den USA, in Australien, Neuseeland, Indien, Südafrika u. a. Dabei werden z. T. einzelne Arten gezielt zugefüttert wie etwa die Mandschuren-Kraniche oder Seeadler in Japan (siehe Seite 40), Eulenpapageien in Neuseeland oder Kolibris in den USA. In anderen Gebieten füttert man alles, was kreucht und fleucht, wie z. B. in Teilen Australiens, wo möglichst viele Vögel ums Haus am ehesten auf gefährliche Schlangen aufmerksam machen.

Auch bei uns wird die Ganzjahresfütterung kontinuierlich zunehmen – immer mehr Vogelliebhaber lassen sich davon begeistern. Dabei ergeben sich spannende „Abenteuer", etwa wenn aus zunächst wenigen Futterstellenbesuchern über die Jahre Hunderte oder gar Tausende werden. Dann bleiben atemberaubende Beobachtungen nicht aus, wenn z. B. ganz überraschend ein Mittel- oder Schwarzspecht auftaucht, oder gar ein Kranich (siehe Seite 104), eine Kappenammer[161] oder auch, wie früher nicht selten, ein Auerhahn. Dabei ist die Fütterung bei uns noch sehr steigerungsfähig. In den USA z. B. wurden 2002 in 82 Millionen Haushalten rund 450 000 t Sämereien an Wildvögel verfüttert, was einem Geldwert von etwa 6 Milliarden Euro entspricht oder einer jährlichen Pro-Kopf-Ausgabe von 20 Euro, wobei je nach Region 34–75 % der Haushalte beteiligt waren[162]. In ähnlich hohem Maß werden Vögel in England zugefüttert. In Deutschland liegen die jährlichen Ausgaben für Vogelfutter derzeit bei höchstens 1 Euro pro Kopf – das könnte gut und gern das Zigfache werden, ohne dass es uns schmerzliche Einschränkungen abverlangen würde!

Auch wenn die ausgebrachten Futtermengen wie in den USA sehr groß erscheinen mögen – so ist das bei der riesigen Landfläche natürlich nur ein Bruchteil dessen, was früher verfügbar war. Also – es bleibt dabei: Ganzjahresfütterung ist auch bei hohem Aufwand immer nur eine Art bescheidene ökologische Ausgleichzahlung für den egoistischen Raubbau, den wir in der Natur betreiben.

Aber dennoch ist Ganzjahresfütterung zumindest lokal von großem Nutzen, auch wenn sich diesem Argument gewisse „Pharisäer" immer wieder emotional entgegenstellen, z. B. mit dem Argument: Fütterung rund ums Jahr habe auch in England einen Artenrückgang nicht verhindert und sei ja dann wohl nutzlos. Wenn schon konsequent: Auch alle unsere Naturschutzverbände haben den Artenrückgang nicht aufhalten können, trotzdem haben sie sich nicht wegen Misserfolg längst wieder aufgelöst. Und das ist auch gut so, denn immerhin haben sie manchen Artenschwund bremsen können, wie dies auch die Fütterung leistet.

Wir halten fest: Wie oben ausführlich dargestellt, hat der Einfluss des Menschen längst dazu geführt, dass heutzutage selbst früher häufige „Allerwelts"-Vogelarten wie Sperlinge, Stare, Amseln, Grünlinge, Kohlmeisen, Feldlerchen u. a. inzwischen so stark abnehmen können, dass sie aus manchen Gebieten fast oder ganz verschwinden. Diesen Trend werden wir in nächster Zeit nicht aufhalten können, aber wir können ihn durch Zufüttern an möglichst vielen Stellen bremsen. Und da derzeit niemand vorhersagen kann, welche Arten bei den dramatischen Umweltveränderungen auf der Welt überhaupt überleben werden, sollten wir von der Zufütterung möglichst keine ausschließen.

Unsere Feldlerchen nehmen dramatisch im Bestand ab – vielleicht gelingt es im Laufe der Zeit, ihnen an Futterstellen im Außenbereich zu helfen.

Vögel an der Futterstelle

Bei uns besuchen rund 100 Vogelarten regelmäßig, gelegentlich oder auch vereinzelt bis ausnahmsweise die Vogelfutterstellen. Um einen Vogel sicher bestimmen zu können, reicht für die meisten Arten ein Merkmal, das im Text *kursiv* hervorgehoben ist. Reicht ein Merkmal nicht oder kaum aus, wird die einfachste Merkmalkombination genannt, die eine sichere Artbestimmung ermöglicht. Dabei werden durchweg *sichtbare* Merkmale verwendet und nicht etwa Rufe oder Gesang, da Vögel zumindest an der Winterfütterung zum einen meist recht stumm und zum anderen durch Fensterscheiben hindurch kaum zu hören sind. Zeichnen sich Arten durch ganz besondere Verhaltensmerkmale aus, werden auch sie z. T. mit aufgeführt. Für die einzelnen Artengruppen, vielfach auch für einzelne Arten, werden wesentliche bevorzugte Futtermittel und – wenn erforderlich – auch deren Darbietung vorgestellt.

Die Reihenfolge der Arten beginnt mit häufigen typischen Futterstellenbesuchern und führt über weniger oft erscheinende Vögel bis hin zu Seltenheiten. Bei der Behandlung häufiger oder wichtiger Arten werden mit ihnen verwandte Formen ebenfalls gleich mit beschrieben.

Kohlmeise
Parus major
In Deutschland die vierthäufigste Vogelart, die praktisch in jedem Ort vorkommt; an vielen Futterstellen die dominierende Art. Unsere größte Meise – kenntlich durch die *gelbe Unterseite mit deutlich schwarzem Bauchstreif* (besonders breit beim Männchen).

Blaumeise
Parus caeruleus
Wie alle übrigen Meisen deutlich kleiner als die Kohlmeise, eindeutig bestimmbar an der *blauen Kappe* und gelblichen Unterseite *ohne deutlichen Bauchstreif*. Als etwa fünfthäufigste Vogelart in Deutschland oft an Futterstellen. Als geschickter Zweigspitzenkletterer hängt sie gern an Meisenknödeln mit dem Rücken nach unten.

Sumpfmeise
Parus palustris
Eine unserer beiden Graumeisen, *graubraun, ohne Gelb und Blau*, mit *glänzend schwarzer Kappe* und kleinem Lätzchen. Sie nimmt an der Futterstelle nicht, wie die Kohl- und Blaumeise, jeweils nur ein Samenkörnchen mit, sondern reiht oft 3–4 Hanfkörner im Schnabel, die sie dann als Wintervorrat in Ritzen, Rindenspalten usw. versteckt. Wie das Foto zeigt, lässt sich die Sumpfmeise zum Futterholen auch auf die Hand gewöhnen – so wie auch andere Meisenarten, Rotkehlchen u. a.

Die Zwillingsart der Sumpfmeise, die **Weidenmeise** *(P. montanus)*, unterscheidet sich von ihr durch eine *mattschwarze Kappe* und durch einen schmalen, *hellen Flügelfleck*.

Meisen
Eine Gruppe kleinerer, sehr lebendiger Vögel, die fast immer auf Nahrungssuche in Bewegung sind, bei uns mit neun Arten vertreten. Sie kommen in allen Lebensräumen vor, die unsere Landschaften bieten – vom Bergwald bis in Sumpfgebiete der Niederungen, wobei sie an Bäume, Sträucher oder Schilfbestände gebunden sind. Sieben Arten leben ständig in unseren Ortschaften oder kommen zumindest z. T. auch dort vor und werden hier näher vorgestellt. Meisen sind Allesfresser, die Sonnenblumenkerne und andere Sämereien (im Winter) sowie Fettfuttermischungen und Erdnüsse (ganzjährig) bevorzugen. Kohl-, Blau- und Sumpfmeise besuchen Futterstellen regelmäßig (bei uns meist mit abnehmender Häufigkeit in der genannten Reihenfolge), gefolgt von der Tannenmeise, wenn ein Zugang über Nadelbäume möglich ist, und der Haubenmeise, die neuerdings z. T. auch in Ortschaften einwandert. Kommt die Schwanzmeise im Gebiet vor, lässt sie sich v. a. mit hochwertigen Fett-Weichfuttermischungen an Futterstellen gewöhnen, die Weidenmeise insbesondere an Futterplätze (mit Sämereien) in der Nähe ihrer speziellen Lebensräume, nämlich Feuchtgebiete.

Tannenmeise
Parus ater

Diese kleine, *graugrüne* Meise ist unverwechselbar durch ihren *weißen Nackenfleck*. Auch sie nimmt von Futterstellen Samen mit, die sie jedoch im Außenbereich dichter Nadelbaumzweige versteckt, wo fast nur sie später wieder nach Nahrung sucht. Sie überrascht an Futterstellen oft durch ihre sehr kurze Fluchtdistanz. Aufgrund ihrer geringen Scheu lässt sie sich beispielsweise in waldnahen Parks zum Futterholen leicht auf die Hand gewöhnen. In Großbritannien erscheint sie an Fütterungen in Trupps von mehr als zehn Individuen und gehört damit zu den zwölf häufigsten Futterstellenbesuchern.

Haubenmeise
Parus cristatus

Eine graubraune Meise mit hervorstechender schwarz-weiß gemusterter *Haube* über dem schwarz umrahmten Gesichtsfeld. Lässt sich wie die Schwanzmeise mit Fettfuttermischungen anlocken, die man in Glocken u. a. in Zweige hängt, in Baumrinde streicht usw. Auch sie versteckt Samen ähnlich wie die Sumpfmeise in Rindenspalten.

Schwanzmeise
Aegithalos caudatus

Diese zierliche, schwarz-weiße Meise mit *rötlichem Anflug* an Flanken, Bauch und Oberseite besitzt einen unverwechselbar *langen Schwanz* und wirkt wie ein „Federbällchen mit Stiel" (daher im Volksmund „Pfannenstielchen"). Anlocken siehe Haubenmeise.

Sommergoldhähnchen
Regulus ignicapilla

Ein winziger, grünlicher Vogel mit *gelb-orangefarbenem Scheitel*, Flügel-binden und *schwarzen und weißen Augenstreifen*. Einige dieser „Vogelzwerge" überwintern zunehmend bei uns, v. a. in Südwestdeutschland.

Wintergoldhähnchen
Regulus regulus

Wie das Sommergoldhähnchen, aber mit nur *einem schwarzen Überaugenstreif* und *reingelbem Scheitel*.

Häufig bei uns überwinternd, dazu Zuzug weiterer Vögel aus Nordosteuropa, sodass regelmäßiger Futterstellenbesuch den ganzen Winter hindurch möglich ist.

Goldhähnchen

Die kleinsten europäischen Vogelarten – nur knapp 10 cm lange und reichlich 5 g leichte Winzlinge, die durch ihre meist rastlosen Bewegungen an Meisen und Laubsänger erinnern. Es sind Weichfutterfresser, die auch an Futterstellen kommen, wenn hochwertige Fettfuttermischungen zur Verfügung stehen. Am liebsten nehmen sie kleine Partikel auf, die sie z. B. von Zweigen unter Fettglocken oder Meisenknödeln aufpicken. Zum Anlocken kann man Fettfuttermischungen in Zweige oder Baumrinde o. Ä. streichen. Die stärker an Nadelbäume gebundenen Wintergoldhähnchen besuchen fast nur Futterstellen in Nadelwaldnähe, Sommergoldhähnchen auch solche in der Nähe von niedrigerer Vegetation, wie z. B. in gebüschreichen Hausgärten. Über Wintergoldhähnchen an der Fütterung berichtet detailliert Hoffmann[166].

Finkenvögel

*Eine artenreiche Gruppe von ausge-
prägten Körnerfressern, die allerdings
in der Brutzeit auch regelmäßig viel
tierische Nahrung (Insekten, Spinnen
usw.) aufnehmen und verfüttern.
Artspezifische Futtermittel werden
bei den einzelnen Arten genannt.
Neben den vorgestellten Arten können zumindest in bestimmten Regionen gelegentlich weitere Finkenvogel-
arten an Futterstellen auftauchen,
von denen noch vier erwähnt seien.
Der **Birkenzeisig** (Carduelis flammea),
selten, aber im ganzen Land umher-
streifend, ähnelt mit roter Stirn dem
Hänfling, besitzt aber ein schwarzes
Kinn. Der in Asien überwinternde* **Karmingimpel** *(Carpodacus erythrinus)
kann ebenfalls im ganzen Land auftauchen, an Futterstellen v. a. im
Herbst und Frühjahr, und das leuchtend rote Männchen erscheint wie ein
kleiner Kreuzschnabel, jedoch mit
hänflingartigem kurzem Schnabel. Im
Schwarzwald und im Alpenbereich
kann der* **Zitronenzeisig** *(Carduelis cit-
rinella) in Siedlungen erscheinen, z. B.
an Gasthaustischen auf Freiterrassen
usw. Er sieht aus wie ein kleiner Grünling, besitzt aber zwei mattgrüne Flügelbinden. Im Alpenbereich kann der*
Schneefink *(Montifringilla nivalis)
Futterstellen im Bereich von Gebäuden besuchen – er ist unverwechselbar durch große weiße Flügelfelder
und sein schwarzes Kinn.*

Grünling
Carduelis chloris

In Deutschland etwa die zehnthäufigste Vogelart und an vielen Futterstellen der dominierende Finkenvogel
oder auch Besucher überhaupt. Er
wird auch Grünfink genannt. *Matt bis
leuchtend gelbgrün, mit mehr oder
weniger gelben Flügel- und Schwanz-
abzeichen.* Verzehrt vorwiegend große
und kleinere Sämereien sowie Fettfutter. Im Foto auf einem Meisenknödel, die bei der Ganzjahresfütterung auch im Sommer nie fehlen
sollten.

Zeisig
Carduelis spinus

Einer unserer kleinsten Finkenvögel,
gelbgrün, mit Flügelbinden, *schwarzem Scheitel und Kinn* (Männchen)
und *Gelb am Schwanz* (von der
Schwanzwurzel her). Weibchen ohne
Schwarz am Kopf und mit gestreifter
Brust. Vorzugsweise an Meisenknödeln, Fettfutterglocken, nimmt aber
auch lose, v. a. kleinere Sämereien auf.

Girlitz
Serinus serinus

Er ist dem Zeisig sehr ähnlich, hat aber ein kurzes *gedrungenes* Schnäbelchen, nicht länglich pfriemförmig wie beim Zeisig, *kein* Gelb am Schwanz, aber *gelben Bürzel*. Bevorzugt kleine und kleinste Sämereien (Waldvogel-, Kanarienfutter).

Buchfink
Fringilla coelebs

Sperlingsgroßer, bunter Fink, mit *doppelter weißer Flügelbinde*, Männchen mit *blau*grauem, Weibchen mit *grauem Scheitel*. Obwohl in Deutschland die zweithäufigste Vogelart, tritt er an Futterstellen meist nur in geringer Zahl auf. Nimmt vorzugsweise kleinere Sämereien, Haferflocken, usw. vom Boden auf, geht wenig in überdachte Futterhäuser.

Bergfink
Fringilla monti-fringilla

Ähnlich dem Buchfink, aber *weißer* (nicht grüner) *Bürzel* und *orangefarbene Schultern*. Kommt im Gegensatz zum Buchfink oft scharenweise auch ins Futterhaus. Mit einem kräftigeren Schnabel ausgestattet als der Buchfink verzehrt der Bergfink auch gern größere Samen wie beispielsweise Sonnenblumenkerne.

Kernbeißer *Coccothraustes coccothraustes*

Ein bullig wirkender Finkenvogel mit großem, *dreieckigem Schnabel, hellen Flügelfeldern* und *kurzem Schwanz*. Dieser Nahrungsspezialist für steinharte Hainbuchensamen frisst am Futterplatz bevorzugt Sonnenblumenkerne. Hainbuchen im Vogelgarten sind, wenn sie fruchten, das beste Anlockmittel für Kernbeißer.

Stieglitz
Carduelis carduelis

Als schwarz-weiß-rot und gelb gefärbter Vogel ist der kleckskuchenbunte „Distelfink" unverkennbar. Hauptkennzeichen sind das *rote Gesicht* und das *breite gelbe Flügelband*. Mit Geduld und Fürsorge in Scharen von bis zu etwa 50 Individuen an Futterplätze zu locken, wie die jahrzehntelangen Erfahrungen in Großbritannien zeigen. Benötigt kleine Sämereien wie Waldvogel- oder Stieglitzfutter, in Großbritannien besucht er ganz überwiegend Futtersilos mit Ramtill (Nigersaat, siehe Seite 40).

Hänfling
Carduelis cannabina

Mittelgroßer, lebhafter, inzwischen vielerorts selten gewordener Finkenvogel mit *roter Stirn und Brust* (Männchen, Weibchen ohne Rot), der als Teilzieher weit umherstreift und v. a. im Früh- und ab dem Spätwinter an Bodenfütterungen erscheinen kann. Er bevorzugt kleine Sämereien.

Gimpel
Pyrrhula pyrrhula

Der große, rundliche „Dompfaff" mit kurzem, dickem Schnabel, *schwarzer* Kappe und *weißem Bürzel* hat entweder eine *karminrote Brust* (Männchen, links) oder eine *bräunlich graue Brust* (Weibchen, rechts). Er verzehrt v. a. größere und kleinere Sämereien und ist gut anzulocken mit den lackroten Beeren des Schneeballs, dessen Samen er gern frisst.

Zaunkönige

Von dieser Gruppe äußerst lebhafter Vögel, die sich mit ihren kräftigen Beinen und Füßen viel am Boden aufhalten, leben in Nordamerika neun verschiedene Arten, bei uns kommt nur der gewöhnliche Zaunkönig vor.

Berghänfling
Carduelis flavirostris

Dieser v. a. in Norwegen brütende Hänfling überwintert bei uns in den Küstenregionen Norddeutschlands und tritt in Scharen auf. Er ist *gelbbraun* gefärbt sowie *schwarz gestreift* und besitzt im Winter einen *gelben Schnabel*. Im Gegensatz zum Hänfling ohne Rot an Stirn und Brust, aber das Männchen mit rötlichem Bürzel. Er verzehrt v. a. gern kleinere Sämereien, die am Boden angeboten werden sollten.

Zaunkönig
Troglodytes troglodytes

Ein ausgesprochener Winzling – gerade mal rund 10 g „schwer" –, der oft wie eine Maus bodennahes Gestrüpp, Wurzelwerk u. Ä. durchstöbert und dabei häufig sein kurzes Schwänzchen stelzt. Er ist *braun*, wirkt rundlich und hat einen relativ *langen, leicht bogenförmigen Schnabel*. Zaunkönigbestände gehen in strengen Wintern oft sehr stark und großräumig zurück. In solch strengen Wintern kann der Zaunkönig an Futterstellen überleben, an die er sich mit Fett- und Weichfutter, lebenden Mehlwürmern u. a. gewöhnen lässt. Dabei sollte man ihm spezielle Futterplätze einrichten (siehe Seite 39), da er nur ungern die Deckung verlässt, um etwa sehr frei stehende Futterhäuser anzufliegen.

Fichtenkreuzschnabel
Loxia curvirostra

Hauptmerkmal ist – wie der Name besagt – der *gekreuzte Schnabel* (zum Öffnen von Zapfen, v. a. zum Erreichen von Fichtensamen, seiner Hauptnahrung). Männchen variabel von *scharlach- über mattrot bis gelb- oder graugrün*, Weibchen *olivgrau*. Kommt als extremer Nahrungsspezialist zwar relativ selten an Futterstellen, aber häufig an Hauswände, Mauern etc., um dort aus Verputz, zerfallenden Steinen usw. Kalk aufzunehmen.

Sperlinge und Braunellen

Unsere beiden Sperlingsarten – der große kräftige Haussperling (ca. 30 g) und der kleinere, zierlicher wirkende Feldsperling (ca. 24 g) – unterscheiden sich nicht nur in Lebensraum, Nistplatzwahl, Verhalten usw., sondern v. a. auch in der Nahrung. Während Haussperlinge häufig größere Sämereien, Getreidekörner und grobe Getreideflocken fressen, hält sich der Feldsperling mit seinem weniger kräftigen Schnabel mehr an kleinere Sämereien und an Fettfutter.

Von den Braunellen wird hier die Heckenbraunelle mit vorgestellt, weil sie so sperlingsähnlich aussieht, dass sie oft für einen Spatzen gehalten wird. Wegen dieser Ähnlichkeit trägt sie in Großbritannien auch den Namen „Heckensperling".

Haussperling
Passer domesticus

Graubrauner „Spatz" mit braun-schwarz-weiß gemusterten Flügeln, Männchen mit *grauem Scheitel* und *schwarzem Kehl-Brust-Latz* – bis vor einiger Zeit die dritthäufigste Vogelart in Deutschland, jetzt wohl eher etwa auf Platz 5.

Heckenbraunelle
Prunella modularis

Mehr *bläulich graue Brust* als die Sperlinge und als Hauptmerkmal *dünner, pfriemförmiger Weichfresserschnabel*. Sie kommt häufig an Futterstellen, v. a. auch im Spätwinter, wenn sie als Teilzieher aus dem mehr oder weniger weit entfernten Winterquartier zurückkehrt, meist einzeln oder in kleinen Gruppen. In Großbritannien gehört sie zu den zwölf häufigsten Futterstellenbesuchern. Bevorzugte Nahrung sind kleine Sämereien, Haferflocken, Weichfutter mit Insekten oder auch auf den Boden gefallene Partikel von Fettfutter. Im alpinen Bereich kann auch die deutlich größere **Alpenbraunelle (*Prunella collaris*)** an Futterstellen auftauchen, die durch eine *gefleckte weiße Kehle* und *rostbraune Flankenstreifen* gekennzeichnet ist.

Feldsperling
Passer montanus

Beide Geschlechter mit *schokoladebraunem Scheitel* und *schwarzem* *Wangenfleck*, der etwas an Ohrenschützer erinnert. Hängt sich oft an Fettknödel – der Hausspatz bearbeitet sie mehr von seitlichem Sitzen aus.

Goldammer
Emberiza citrinella

Lang gestreckt wirkender Sperlings-vogel, insgesamt *gelblich, v. a. im Kopfbereich*, weiterhin *rotbrauner Bürzel*, manche Männchen prächtig leuchtend *goldgelb* wie Kanarien-vögel. Besucht v. a. Bodenfutterstellen, wie beispielsweise Fasanenschütten, an die man sie mit geeigneter Nahrung teilweise zu Hunderten gewöhnen kann: mit Hafer und Hafer-flocken, daneben auch kleineren Sämereien.

Rohrammer
Emberiza schoeniclus

Wirkt wie ein Sperling mit *schwarzem Kopf* und *schwarzer Kehle* sowie *weißem Hals- und Bartstreif* (Männ-chen, „Rohrspatz"; Weibchen schlich-ter, v. a. braungrau gestreift). In Groß-britannien recht regelmäßiger Futter-stellenbesucher (selbst nach Bestands-rückgang 2001 noch an 8 % der kon-trollierten Futterplätze), bei uns recht selten. Am ehesten taucht sie in der Nähe von Feuchtgebieten und auf dem Durchzug auf, meist an Boden-schütten auf der Suche nach kleinen Sämereien.

Ammern

Von dieser artenreichen Gruppe z. T. sehr bunt gefärbter Vögel ist in Deutschland nur einer ein typischer regelmäßiger Futterstellenbesucher – die Goldammer. Andere Arten tau-chen nur gelegentlich bis sehr selten auf, sodass hier nur fünf Arten auf-geführt werden.

Die früher in unseren Feldfluren häu-fige **Grauammer** *(Emberiza calandra) besuchte auch regelmäßig Boden-futterstellen, vorzugsweise in der offenen Landschaft. Wo noch Rest-bestände vorhanden sind, ließen sie sich nach Erfahrungen in Großbri-tannien durch Zufütterung u. U. wie-der zu lokal stabilen Populationen aufbauen[81]. Die auffallend große Grauammer wirkt wie ein sehr großer Sperling mit bräunlichem, dunkel gestreiftem Gefieder und kurzem, kräftigem Schnabel. Ebenfalls an Bodenfütterungen v. a. im norddeut-schen Bereich kann sich gelegentlich die* **Schneeammer** *(Calcarius nivalis) einstellen, die überwiegend weiß (Männchen) oder sehr hell (Weib-chen) erscheint, und ebenso die* **Spornammer** *(Calcarius lapponicus), die der Rohrammer ähnelt, aber im Winterkleid einen wie schmutzig wir-kenden Brustfleck und rostbraunen Nacken besitzt. Über eine* **Kappen-ammer** *siehe Seite 72 f.*

Spechte

Etwa sperlingsgroße (Kleinspecht) bis krähengroße (Schwarzspecht) Vögel mit schwarzem, schwarz-weißem oder grünlichem Gefieder, vielfach roten Abzeichen und allesamt mit dem typischen langen Spechtschnabel. Von den neun bei uns vorkommenden Arten besucht der Buntspecht ganz regelmäßig Futterstellen (gehört in Großbritannien in die Liste der Top 12[59]), fünf weitere Arten erscheinen dort je nach Lokalität und Gewöhnung in stark wechselndem Umfang. Die sechs bislang bei uns an Futterplätzen beobachteten Arten werden hier vorgestellt.

Buntspecht
Dendrocopos major

Etwa amselgroßer, schwarz-weißer Specht, mit *großen weißen Schulterflecken* und *schwarzem Scheitel* sowie *roten Unterschwanzdecken*. Das Männchen besitzt zudem einen *roten Nackenfleck*. Die an Ganzjahresfutterstellen nach dem Flüggewerden häufig erscheinenden Jungvögel haben bis zur Jugendmauser im Sommer einen vollständig roten Scheitel. Der Buntspecht liebt Fettfutter und hängt sich z. B. an Meisenknödel gern mit dem Rücken nach unten an, um aus dieser Stellung zu hacken und zu picken. Er verzehrt auch gern Nüsse aller Art sowie Sonnenblumenkerne, was einem Teil seiner natürlichen Winternahrung entspricht: Nadelbaumsamen. Kiefernzapfen bearbeitet er dazu in einer sogenannten „Spechtschmiede" – beispielsweise einer Astmulde, unter der man ganze Haufen bearbeiteter Zapfen finden kann.

In Österreich dürfte auch der dort brütende, sehr ähnliche **Blutspecht (*Dendrocopos syriacus*)** Futterstellen besuchen, nachdem sich diese Art, Beobachtungen zufolge, in Israel anfüttern ließ.

Grünspecht
Picus viridis

Unser häufigster und größter grüner Specht, deutlich größer als der Grau- und etwa um die Hälfte größer als der Buntspecht. Wirkt im Gegensatz zum Grauspecht oberseits richtig *grün*, mit *leuchtend gelbgrünem Bürzel* und *rotem Scheitel*, beim Männchen auch Rot im breiten Bartstreif. Von diesem Nahrungsspezialisten auf Wiesenameisen, die er mit seiner rund 10 cm herausstreckbaren Zunge aus den Bauten holt, wurde oft angenommen, er besuche gar keine Futterstellen[10]. Aber dort wurde er auch in Deutschland beobachtet[65], wo er über Äpfel auf dem Rasen an Fettfutter und Sämereien gewöhnt werden konnte[53].

Schwarzspecht
Dryocopus martius

Zwar sehr selten, aber immer wieder taucht er da und dort an einer Futterstelle auf, v. a. wenn sie sich nahe am Wald befindet, in dem dieser Specht fast ausschließlich lebt. Er ist durch sein Aussehen wie eine „Krähe mit *roter Kopfkappe*", mächtigem Schnabel und hell hervorstechenden Augen unverkennbar. Auch er liebt Fettfutter, z. B. Meisenknödel, die er im Handumdrehen zerfleddern kann (sodass dann kleinere Arten bis hin zu Goldhähnchen von den heruntergefallenen Krümeln profitieren können).

Kleinspecht
Dryobates minor

Dieser nur sperlingsgroße, kleinste heimische Specht ist schon durch seine geringe Größe unverwechselbar. Er ähnelt dem Buntspecht, aber sein Rücken ist schwarz-weiß *gebändert*, und das Männchen hat einen *roten Scheitel*. Diese relativ seltene Art erscheint natürlich nicht oft an Futterstellen, lässt sich aber gut an Fettfutter gewöhnen.

Dasselbe gilt für den fast buntspechtgroßen seltenen **Mittelspecht** *(Dendrocopos medius)*, der hauptsächlich Eichenwälder bewohnt. Er besitzt eine *rote Kappe* wie der junge Buntspecht, die jedoch *nicht schwarz gesäumt* ist. Auch er lässt sich dort, wo er vorkommt, gut an Fettfutterglocken gewöhnen, die zunächst zum Kennenlernen an Baumstämme gehängt werden sollten[10].

Grauspecht
Picus canus

Ein Fettfutter-Liebhaber wie der Mittelspecht, der leider zurzeit im Bestand stark zurückgeht und damit auch an Futterstellen seltener wird. Etwas größer als der Buntspecht, oberseits *graugrün*, mit *schwarzem Bartstreif*, das Männchen mit *roter Stirn*.

Drosseln

Etwa starengroße, kräftige Vögel mit langem Schwanz, die einen Großteil ihrer Nahrung vom Boden aufnehmen, wie z. B. Regenwürmer. Alle sechs bei uns regelmäßig vorkommenden Arten besuchen, je nach Verbreitung, zumindest Bodenfutterstellen und – bei entsprechender Gewöhnung – z. T. auch sehr häufig Futterhäuser.

Amsel
Turdus merula

Diese in Deutschland häufigste Vogelart kennt fast jedermann, zumal die sehr gut an das Zusammenleben mit dem Menschen angepassten „Stadtamseln" bis ins Innerste unserer Großstädte vorgedrungen sind. Auch in entlegenen und weitgehend menschenleeren Gebieten leben Amseln, die scheueren „Waldamseln". Unverkennbar ist das alte Männchen – *kohlschwarz* mit *gelbem Schnabel und Augenring*. Die mehr braun gefärbten, einjährigen Männchen und v. a. die Weibchen mit gefleckter Kehle und Brust werden gelegentlich auch mit anderen Drosseln verwechselt. Amseln sind robuste Allesfresser, die an Futterstellen gern Haferflocken, Nussbruch, Fettfutter (Meisenknödel!), aber auch Samen und selbst ganze Sonnenblumen- und Maiskörner verschlucken. Zudem sind sie begierig auf Obst (Apfelstücke) als Zusatzfutter. Sie kommen oft zuhauf an Bodenfutterstellen, zwängen sich aber selbst in kleinste Futterhäuser, die sie oft durch seitliche Schnabelbewegungen auf der Suche nach verdeckten Leckerbissen „ausräumen", was anderen Bodenbesuchern wie Finken zugutekommt.

Misteldrossel
Turdus viscivorus

Diese *größte* heimische Drossel (im Foto zusammen mit einem Star, der klein gegen sie erscheint) wirkt wie eine riesige Singdrossel, ist aber oberseits *grau* und trägt unterseits nicht längliche, sondern *fast kreisrunde* Flecken. Sie kommt v. a. dort vor, wo sie als Teilzieher im Brutgebiet überwintert und bis in Ortschaften siedelt (Großbritannien, norddeutsches Tiefland), auch an Futterstellen, und frisst gern Weichfutter.

Sie ähnelt einem kleinen Amselweibchen, hat aber eine *helle, gefleckte Unterseite.* Sie ist ein Allesfresser wie die Amsel, bevorzugt aber mehr Weichfutter, wie z. B. Bienenlarven. Die sehr ähnliche, ebenfalls kleine **Rotdrossel** *(T. iliacus)* besitzt einen *hellen Augenstreif* und *rostrote Flanken.* Dieser nordische Brutvogel, der z. T. bei uns überwintert, kommt gelegentlich v. a. an Bodenfutterstellen und verzehrt besonders gern Weichfutter und Früchte (Rosinen).

Singdrossel
Turdus philomelos

In Großbritannien als Standvogel regelmäßiger Futterstellenbesucher, bei uns als Zugvogel relativ selten, v. a. bei Spätwintereinbrüchen und dann besonders in Gebieten, in denen sie zunehmend in Ortschaften siedelt.

Wacholderdrossel
Turdus pilaris

Unsere *bunteste* Drossel, leicht kenntlich an *grauem Kopf und Bürzel* mit *rotbraunem Rücken.* Sie kommt ähnlich wie der Seidenschwanz im Winter großenteils mit Beeren (auch Hagebutten – also lange hängen lassen, Rosen nicht vor dem Frühjahr zurückschneiden) und Obst zurecht und geht an Bodenfutterstellen fast immer an Apfelstücke, die sie oft verteidigt. Sie braucht aber auch nährstoffreiche Nahrung. Wenn diese in der freien Natur nicht verfügbar ist, nimmt sie an den Futterstellen gern Haferflocken und Nussbruch, jedoch kaum Fettfutter.

Ringdrossel
Turdus torquatus

Die der Amsel sehr ähnliche Ringdrossel trägt auf der Brust einen *weißen* (Männchen) bzw. *braunweißen* (Weibchen) *Halbmondfleck.* Sie brütet bei uns im Alpenraum und in einigen Mittelgebirgen und besucht v. a. im österreichischen Mühl- und Waldviertel, wo sie z. T. in Hausgärten brütet, Futterstellen.

Kleine Drosselvögel

Von der Vielzahl der zu dieser Gruppe gehörenden Arten werden hier diejenigen vier behandelt, von denen eine häufig, das Rotkehlchen, eine andere zunehmend, der Hausrotschwanz, Futterstellen besucht, während die beiden anderen, nämlich Gartenrotschwanz und Schwarzkehlchen, nur selten an Futterplätze kommen – nicht zuletzt deshalb, weil sie auch insgesamt selten sind.

Hausrotschwanz
Phoenicurus ochruros

Der typische Kleinvogel unserer Hausdächer, in Stadt und Land, der auch gern von Zaunpfählen, Geländern u. Ä. auf Insektenjagd geht. Gefieder *schwarz* (Männchen) oder *schiefergrau* (Weibchen) mit *rostrotem Schwanz*, der ständig *vibriert*. Die bei uns zunehmend überwinternde oder früher heimkehrende Art profitiert v. a. bei Spätwintereinbrüchen von Weich- und Fettfutter, was ihre derzeitige Bestandszunahme begünstigen mag.

Rotkehlchen
Erithacus rubecula

In Deutschland ungefähr die sechsthäufigste Vogelart, und nach Umfrageergebnissen der bei uns wohl beliebteste Vogel – also eine Art Nationalvogel. Nahezu unverkennbar durch den *orangeroten Kehl-, Brust- und Gesichtsbereich*, allenfalls mit dem Gimpel zu verwechseln, besitzt aber einen viel *dünneren Insektenfresserschnabel*. Ein hungerndes Rotkehlchen im Schnee macht uns im Herzen weh – und ist damit der Auslöser zur Vogelfütterung par excellence. Rotkehlchen profitieren sehr viel von unseren Futterstellen, zumal sie zunehmend bei uns überwintern oder früher im Jahr ins Brutgebiet zurückkehren. Dass sie nach wie vor stabile Bestände aufweisen, geht sicher auch auf ihre regelmäßige Zufütterung zurück. In Großbritannien mit Amsel, Blau- und Kohlmeise auf einem der vordersten Plätze der Top 12 der Futterstellenbesucher und auch bei uns an vielen Futterstellen zugegen. Da Rotkehlchen auch im Winter Reviere vehement gegen Artgenossen verteidigen, erscheinen sie am Futterplatz fast stets einzeln. Wenn man Futtergäste jedoch beringt, zeigt sich, dass oft bis zu fünf oder mehr Rotkehlchen abwechselnd zum Fressen kommen. Es ist ein Allesfresser, der im Winter Weich- und Fettfutter bevorzugt, aber auch Haferflocken, kleinere Sämereien, Nuss-Stückchen u. a. verzehrt. Mit lebenden Mehlwürmern lassen sie sich mit Geduld sogar bis auf die Hand oder ins Haus gewöhnen.

Gartenrotschwanz
Phoenicurus phoenicurus

Ebenfalls mit rotem, ständig vibrierendem Schwanz, aber *hellerer, orangebräunlicher Unterseite*, das Männchen zudem mit schwarzem Gesicht und Latz sowie weißer Stirn. Dieser spät (im April/Mai) zurückkehrende Afrika-Überwinterer mit derzeit starkem Bestandsrückgang erscheint v. a. in Schlechtwetterperioden an Ganzjahresfütterungen, um Weichfutter zu fressen.

Schwarzkehlchen
Saxicola rubicola

Das entfernt ähnlich aussehende Schwarzkehlchen (mit *schwarzem Kopf, rostroter Brust* und großem *weißem Halsfleck*) erscheint in Großbritannien z. T. an Futterstellen und könnte bei derzeitiger gebietsweiser Bestandsvergrößerung auch bei uns Futtergast werden.

Von diesen kleinen Baumkletterern ist v. a. der bunte und ruffreudige Kleiber sehr bekannt, zumal er immer wieder durch eine besondere Verhaltensweise verblüfft: durch sein Kopfabwärtsklettern am Stamm. Er schafft das, indem er einen Fuß weiter oben, den anderen weiter unten einhakt und dann abwechselnd einen Fuß nach dem anderen weiter nach unten führt. Dabei bewegt er sich häufig in einem leichten Zickzackkurs. Oft hämmert er auch kopfabwärts hängend z. B. Sonnenblumenkerne auf. Die beiden Zwillingsarten Garten- und Waldbaumläufer klettern fast nur stammaufwärts und fliegen neue Stämme meist tief unten an; falls sie stammabwärts klettern, dann rückwärts mit dem Schwanz voran in kurzem, ruckhaftem Abwärtsgleiten.

Kleiber
Sitta europaea

Sperlingsgroßer *untersetzter* Vogel mit *kurzem Schwanz, starkem, spitzem Schnabel, blaugrauem Rücken* und *gelbbrauner Unterseite*. In der Nähe von Wäldern, Parks oder Baumgruppen ein häufiger Futterstellenbesucher (in Großbritannien in der Liste der Top 12[59]), mit großer Vorliebe für Sonnenblumenkerne und auch Haselnüsse, die er aufzuhacken vermag. Kleiber sind Vorratssammler, die als überwiegende Standvögel an vielen Stellen im Revier, z. B. in Steinmauern oder Rindenspalten, Samen verstecken (sodass im Frühjahr etwa aus Schlossmauern Sonnenblumen hervorwachsen können). Der Kleiberspezialist Hans Löhrl beobachtete einmal, wie ein Kleiberpaar an einem Oktobertag 983-mal (!) Samen wegschleppte – häufig zwei Sonnenblumenkerne auf einmal in dem langen Schnabel.

Gartenbaumläufer
Certhia brachydactyla

Wie ein winziger Specht, aber mit *dünnem Bogenschnabel, oberseits braun gestreift, unterseits hell*, mit *bräunlichen Flanken*. Als Vogel der Gärten, Obstanlagen und Parks kommt er nicht selten in die Nähe von Futterstellen, an die er sich auch mit Fettfuttermischungen – am besten in Baumstammnähe angeboten – gewöhnen lässt.

Der v. a. Gebirgswälder und mehr Nadelwald bewohnende **Waldbaumläufer** (*C. familiaris*) mit *silbrig weißer Unterseite ohne* bräunliche Flanken ist von seiner Zwillingsart am besten an Ruf und Gesang zu unterscheiden. Auch er lässt sich mit Fettfutter an Futterstellen gewöhnen, wenn sie vom Bergwald aus gut zu erreichen sind.

Rabenvögel

Diese sehr variable Gruppe, die zu den Singvögeln gehört (weswegen heutzutage auch alle Arten geschützt sind!), erscheint bei uns und in Nachbarländern mit bis zu zehn Arten an Futterstellen, wovon allerdings längst nicht alle willkommen sind. Insbesondere Elstern und „Krähen" als Nesträuber kleinerer Singvögel sind oft verhasst, wobei es bei den Krähen jedoch zu differenzieren gilt.

Alpendohle
Phyrrhocorax graculus
Im Alpenraum begegnet man an Bergstationen, Seilbahnhütten usw. oft einem kleineren Rabenvogel – nur etwa hähergroß – mit *gelbem Schnabel* und *roten Beinen*: der Alpendohle. Dort besucht sie auch häufig Futterstellen, z. T. bis in Tallagen im Alpenvorland. Und in Großbritannien erscheint an Futterplätzen auch die bei uns sehr seltene **Alpenkrähe** *(P. pyrrhocorax)* mit gebogenem rotem Schnabel.

Eichelhäher
Garrulus glandarius
Dieser etwa taubengroße Vogel besitzt an seinem rötlich braunen Körper typische *blau-weiße Flügelfelder*, einen *weißen Bürzel* und stellt sein Kopfgefieder oft haubenartig auf. Obwohl er ein typischer Waldvogel ist, gelangt er über Baumgruppen und Einzelbäume nicht selten bis an Futterstellen in Ortschaften (in denen er vereinzelt auch in Nadelbaumgruppen brüten kann, z. B. in Friedhöfen). Er nimmt gern gröbere Nahrung auf wie Nüsse, Maiskörner, aber auch Sonnenblumenkerne u. Ä. Bei frühzeitiger oder Ganzjahresfütterung kann er sich im Herbst den ganzen Kehlsack mit Futter füllen, das er dann im Erdboden als Vorrat versteckt (wie normalerweise v. a. Eicheln, mit denen er zur Verbreitung von Eichen beiträgt und was ihm seinen Namen eintrug). Ein hervorragend wirksames Anlockmittel für Eichelhäher sind gelb leuchtende Maiskolben.

Tannenhäher
Nucifraga caryocatactes
In bergigen Gebieten mit Nadelwald, in denen der *braune*, mit *weißen Tüpfeln gemusterte* Tannenhäher vorkommt, erscheint auch dieser mehr auf Nüsse und Nadelbaumsamen spezialisierte Häher z. T. ganz regelmäßig an Futterstellen. Ist er eingewöhnt, zeigt er weit weniger Scheu als der Eichelhäher und lässt sich Nüsse u. Ä. auch zuwerfen. Mit einer speziellen Schnabelleiste kann er sogar die überaus harten Zirbelnüsse knacken.

Rabenkrähe
Corvus corone

Diese auch Aaskrähe genannte Art ist landläufig „die Krähe" schlechthin, die im Osten (etwa östlich der Elbe) von der sehr nahe verwandten **Nebelkrähe** *(C. cornix)* vertreten wird. Die Rabenkrähe ist *ganz rabenschwarz* mit schwarzem *kräftigem Schnabel*, die Nebelkrähe hingegen besitzt einen *grauen Rücken und Bauch*. Beide sind Allesfresser, die an Futterstellen nicht gern gesehen werden, zumal sie oft Meisenknödel losreißen oder Fettfutterbrocken aus Behältern hacken.

Saatkrähe
Corvus frugilegus

V. a. in großen Städten wie Berlin, München oder Wien leben im Winter große Schwärme dieser Art, die auch Futterstellen besuchen. Sie zieht aus dem Osten – bis aus Sibirien – zu uns und überwintert hier. Sie unterscheidet sich von der Rabenkrähe durch einen *nackten Gesichtsfleck, dünneren Schnabel* und *bläulich schillerndes* schwarzes Gefieder. Sie ist mehr auf vegetarische Nahrung spezialisiert und nimmt an Futterstellen gern Getreide, aber auch Weichfutter auf.

Elster
Pica pica

Unverkennbar durch die *schwarz-weiß scheckige Musterung*, den *langen Schwanz* und *metallischen Glanz* der dunklen Gefiederteile. Wie die Rabenkrähe ist auch die Elster an Futterstellen z. T. wenig beliebt. Da sie wie die Rabenkrähe die menschliche Nähe meidet, erscheint sie wie jene an Futterstellen oft mit Beginn der Morgendämmerung und raubt als „diebische Elster" alles, was nicht „niet- und nagelfest" ist. Wird sie in dieser Zeit – falls sie nicht beliebt ist – ein paarmal ordentlich erschreckt, bleibt sie danach meist fern.

Kolkrabe
Corvus corax

Diese prächtigen Gesellen Wotans nehmen nach weitgehender Reduzierung in der Nachkriegszeit derzeit v. a. im Osten, aber auch im Westen wieder zu und lassen sich, wenn im weiteren Gebiet vorkommend, sehr gut an Greifvogel-Futterplätze gewöhnen, an denen Fleisch gereicht wird. Mit Geduld lassen sie sich sogar auf bestimmte Futterplätze und Fütterungszeiten „dressieren", wo sie dann zugeworfenes Futter aufnehmen. Kolkraben sind unsere größten Krähenvögel – etwa um die Hälfte größer als Rabenkrähen – mit *mächtigem Schnabel* und *keilförmigem Schwanz*.

Dohle
Coloeus monedula

In Gebieten, in denen diese stark im Bestand zurückgehende Art noch brütet oder im Winter earscheint – oftmals zusammen mit Saatkrähen –, besucht sie auch Futterstellen. Dohlen sind nur etwa hähergroße, also kleine Krähenvögel, mit auffallend *grauem Nacken und hellen Augen*.

Diese liebenswerten, überwiegend von Insekten, Regenwürmern, Schnecken u. Ä. lebenden Vögel, die uns Konrad Lorenz durch seine Verhaltensstudien vertraut gemacht hat, verzehren an Futterstellen nahezu alles, was wir ihnen bieten, oder sie bedienen sich – wie die oben genannten Krähenarten und die Elster – auch gern am Komposthaufen selbst.

Stare

Von dieser hauptsächlich in Afrika und Asien verbreiteten Gruppe kommen in Europa nur drei Arten vor, von denen unser gewöhnlicher Star ein häufiger Futterstellenbesucher ist.

Star
Sturnus vulgaris

Knapp amselgroß, aber im Gegensatz zur Amsel mit *kurzem Schwanz* und *metallisch glänzendem Gefieder*, das je nach Alter und Geschlecht mehr oder weniger *fein gefleckt* ist. In unserer heimischen Vogelwelt ist er etwa die achthäufigste Art.

Dieser Frühjahrskünder, der mit seinem reichhaltigen, von Flügelschlagen begleiteten Gesang für viele ein Sinnbild des kommenden Frühlings ist, besucht sehr gern Futterhäuser und Bodenfütterungen. Bei Spätwintereinbrüchen können Schwärme von über 1000 Individuen an einer einzigen Bodenfutterstelle erscheinen, um dort Haferflocken, Nuss-Stücke, aber auch Sämereien, Fleischkrissel, Obst usw. aufzunehmen. Da der Star zunehmend bei uns überwintert, tauchen im Winter oft große Trupps an Futterplätzen auf. Er geht auch sehr gern an Meisenknödel und anderes Fettfutter, das v. a. Brutvögeln Energie für weite Flüge zur oft schwierigen Beschaffung von Nestlingsnahrung liefert (siehe Seite 59 ff.). Ein hervorragendes Lockmittel für Stare ist ein Weinstock an der Hauswand oder am Balkon, dessen Früchte großteils für Stare verbleiben. Gibt es zudem noch Starennistkästen am Haus oder in der Nähe, stellen sich im September/Oktober Stare zur Herbstbalz ein, die dann im Spätwinter oder Frühjahr regelmäßig als Brutvögel wiederauftauchen. Ein neu entwickeltes Futter zur Jungenaufzucht, das im Frühjahr und Sommer angeboten wird, wurde auf Seite 51 vorgestellt. In Großbritannien gehört der Star inzwischen zu den zwölf häufigsten Futterstellenbesuchern.

Tauben

Vor Jahrzehnten kamen so gut wie keine Tauben an Futterstellen. Heute hingegen können in manchen Gebieten, wie z. B. dem Ruhrgebiet, bis zu fünf Arten auftauchen: die vom Osten eingewanderte Türkentaube, die in Afrika überwinternde Turteltaube, die zunehmend bei uns überwinternde und in Ortschaften einwandernde Ringeltaube, vereinzelt die Hohltaube und im Bereich von Städten Haustauben.

Türkentaube
Streptopelia decaocto

Eine kleine Taube, *hell graubraun* mit *schwarzem Nackenring* und weiß am Schwanzende. Dieser in Indien beheimatete Standvogel wurde u. a. in der Türkei gehalten und breitete sich von dort ab 1930 nach Westen aus, erreichte in den 1950er-Jahren auch Deutschland und brütet heute in den meisten Gebieten Europas. Durch Domestikation hat sie sich an den Menschen angeschlossen, dringt z. B. in Hühnerfänge ein und ist vielerorts ein häufiger Besucher von Futterstellen[71]. Sie verzehrt Körnerfutter verschiedenster Art, v. a. kleinere Sämereien. In letzter Zeit gehen bei uns die Bestände aus noch unbekannten Gründen wieder zurück, sodass die Türkentaube inzwischen in vielen Orten wieder fehlt. In warmen Tieflagen kann vereinzelt auch die gleich große rostbraungefleckte **Turteltaube** (*S. turtur*) an Futterstellen erscheinen, die im Spätsommer wegzieht.

Ringeltaube
Columba palumbus

Unsere größte Taube – wirkt fast doppelt so groß wie die Türkentaube. Gefieder *blaugrau* mit *weißem Halsfleck* und *weißen Flügelbändern*. Dieser früher ausschließliche Zugvogel und Waldbewohner entwickelt sich in Tieflagen zunehmend zum Standvogel und verstädtert in vielen Gebieten, bei uns v. a. in Norddeutschland. Gebietsweise können große Trupps an Futterstellen erscheinen, die man mit geeigneten Maßnahmen wie Futtersilos, Absperrgitter o. Ä. (siehe Seite 61) fernhalten kann. Einzelvögel, die nahezu überall am Futterplatz auftauchen können, sind oft eine Bereicherung der Futtergästeschar.

Haustaube
Columba livia f. domestica

Wildfarben – als blaugrauer „Brieftaubentyp" – kann sie einen *weißen Bürzel* und zwei *lange schwarze Flügelbinden* haben. Vielerlei Zuchtformen zeigen jedoch große Schwankungen in Färbung und Zeichnung von Reinweiß oder Schwarz mit Braun-, Creme- und Rottönen. Verwilderte Haustauben sind in vielen Städten zu Problemvögeln geworden und dürfen daher häufig nicht gefüttert werden. Sie müssen deshalb von Fütterungen oft mit geeigneten Maßnahmen ferngehalten werden (siehe Seite 61).

Hohltaube
Columba oenas

Diese in Wäldern lebende Taube verbleibt neuerdings zunehmend im Winter bei uns und rückt auch in Ortschaften ein, wo sie einzeln oder paarweise an Futterplätzen erscheinen kann. Ähnelt wildfarbener Haustaube, hat aber einen *grauen Bürzel* und nur *kurze schwarze Flügelbinden*.

Hühnervögel

Von den vielgestaltigen, z. T. farbenprächtigen Hühnervögeln kommen bei uns nur einige Arten an normale, v. a. für Kleinvögel eingerichtete Fütterungen. Das ist in erster Linie der bei uns seit Jahrhunderten eingebürgerte Fasan („Jagdfasan"); selten kommen einige weitere ausgebrachte Fasanenarten hinzu.

Ausnahmsweise können nach lokalen Aussetzungen in wärmeren Lagen auch Individuen des goldgelben **Goldfasans** *(Chrysolophus pictus) oder des silbrig hellen* **Silberfasans** *(Lophura nycthemera) auftauchen.*

Das früher häufig auch an Futterstellen erschienene Rebhuhn taucht heute nach katastrophalem Bestandsrückgang nur noch an wenigen Futterplätzen auf. Ebenso sind die Zeiten, in denen **Auer-** *und* **Birkhuhn** *Fütterungen etwa im Schwarzwald oder Alpenvorland besuchten, nahezu vollständig vorbei. In Großbritannien werden von Futterstellen auch* **Rothuhn** *(Alectoris rufa) und* **Wachtel** *(Coturnix coturnix) gemeldet[11, 59]. Fasane werden in der Feldflur häufig von Jägern in speziellen Bodenschüttungen versorgt, an denen sich oft auch viele andere Arten gütlich tun, wie z. B. Häher, Ammern, Lerchen.*

Fasan
Phasianus colchicus

Das Männchen wirkt sehr *bunt*, mit *grünem Kopf, roten Hautlappen* („Rosen") *über den Augen* und sehr *langem Schwanz*, das Weibchen von ähnlicher Gestalt, aber schlicht *gelblich braun und gefleckt*. Die meisten Fasanenmännchen besitzen zudem einen *weißen Halsring*. Sie können bei Störungen von Futterstellen wieselflink wegrennen oder laut polternd davonfliegen. An Futterplätzen nehmen sie v. a. Getreide, sehr gern Mais, aber auch Sämereien auf und fressen zudem gern Äpfel.

Rebhuhn
Perdix perdix

Dieses früher in fast ganz Europa verbreitete und häufige Feldhuhn fehlt heute in vielen Regionen ganz oder ist selten geworden. Nur in Gebieten extensiver Landwirtschaft oder nach Ausbürgerungsmaßnahmen kann man mit Rebhühnern an Futterstellen an Ortsrändern oder Gehöften rechnen. Es ist von rundlicher, hühnerkükenähnlicher Gestalt mit kurzem Schwanz, oberseits braun gefleckt und unterseits heller. Eindeutige Merkmale sind der *hell rostfarbene Kopf* und beim Männchen ein *schwarzer hufeisenförmiger Brustschild*. Bevorzugt an der Futterstelle kleine Sämereien, wie z. B. Waldvogelfutter, früher Dreschabfälle, und liebt auch Grünzeug, wie z. B. Grünkohl, Brokkoli oder geraspelte Möhren.

Feldlerche
Alauda arvensis

Ein *braun gestreifter Bodenvogel*, unterseits heller, mit *angedeuteter Haube* und *weißen äußeren Schwanzfedern* – bei uns (noch) unter den häufigeren Vogelarten, aber mit starker Abnahme. Dieser Teilzieher geht v. a. in Notzeiten nach früher Rückkehr aus dem Winterquartier ausschließlich an Bodenfutterstellen, die von offenem Gelände zugänglich sind (z. B. an Ortsrändern, Viehweiden, Gärten in der Feldflur oder an Einzelgehöften) und erscheint praktisch immer in kleineren oder größeren Trupps. Er frisst Haferflocken, kleinere Sämereien, aber auch Getreide.

Lerchen

Von dieser artenreichen Gruppe v. a. südlicher trockener Gebiete waren in Mitteleuropa nur drei Arten weit verbreitet und häufig und haben früher auch regelmäßig Futterstellen besucht: Feld-, Heide- und Haubenlerche. Die Haubenlerche ist inzwischen bei uns weitgehend ausgestorben, die Heidelerche ist in vielen Gebieten ebenfalls verschwunden oder sehr selten geworden, und selbst die früher häufige Feldlerche erleidet derzeit enorme Bestandsverluste (siehe Seite 13).

Heidelerche
Lullula arborea

Die deutlich kleiner wirkende Heidelerche ist durch einen auffallend *kurzen Stummelschwanz* gekennzeichnet sowie durch ein *schwarzweißes Abzeichen am Flügelrand*. Auch dieser Teilzieher kann nach Rückkehr aus dem Winterquartier in Notzeiten an Bodenfutterstellen auftauchen und im Gegensatz zur Feldlerche durchaus auch in der Nähe von Waldungen, Baumheiden u. Ä.

Haubenlerche
Galerida cristata

Sie ist plumper und heller als die Feldlerche, besitzt eine *lange spitze Haube* und zudem *gelbbraune Schwanzaußenseiten*. Sie war früher als fast reiner Standvogel überall in Dörfern, Städten, auf Marktplätzen sowie Bahnhöfen unterwegs – kurzum überall da, wo Futter anfiel: v. a. Pferdeäpfel mit den darin enthaltenen Haferresten. Sie kam seinerzeit auch an Futterstellen in Hausgärten oder an Gartenlauben, um dort Getreide und Dreschabfälle zu fressen. Heute kann man bei dieser in Mitteleuropa akut vom Aussterben bedrohten Art nur im Osten gelegentlich noch mit wenigen Individuen an Futterstellen rechnen.

Grasmücken und Laubsänger

Von dieser großen Gruppe mit über 25 in Europa vorkommenden Arten spielen als Futterstellenbesucher bisher nur ganz wenige eine Rolle. Das ist bei diesen überwiegend noch weit in den Süden wegziehenden und lange wegbleibenden Insektenfressern zunächst auch nicht verwunderlich. Aber die Mönchsgrasmücke hat gezeigt, dass sich das im Zuge der globalen Klimaerwärmung sehr schnell und in großem Umfang ändern kann. So hat sie sich durch die Nutzung von Futterstellen in Großbritannien ein völlig neues Winterquartier erschlossen mit einer ganzen Reihe von damit zusammenhängenden Vorteilen (siehe Seite 21), die mit dazu beitragen, dass sie derzeit als einzige mitteleuropäische Grasmückenart stabile bis zunehmende Bestände aufweist[110]. Die ähnliche Gartengrasmücke (S. borin) – mausfarben graubraun, ohne besondere Abzeichen – kann vereinzelt Ganzjahresfütterungen im Sommerhalbjahr besuchen[65]. Eine ähnliche Entwicklung wie die Mönchsgrasmücke könnte in nächster Zeit der zunehmend bei uns überwinternde Zilpzalp nehmen, von dem v. a. aus Großbritannien Beobachtungen an Futterstellen vorliegen[53].

Mönchsgrasmücke
Sylvia atricapilla

Ein graubrauner „Heckenschlüpfer", das Männchen mit *schwarzer Kappe*, das Weibchen mit *brauner Kappe* – bei uns etwa die zehnthäufigste Vogelart. Aus Mitteleuropa in Großbritannien überwinternde Mönchsgrasmücken sind dort inzwischen ganz regelmäßige Futterstellenbesucher, die nach zeitiger Rückkehr von dort auch bei uns zunehmend Futterplätze besuchen, wenn sie entsprechend eingerichtet sind. Während relativ frei stehende Futterhäuser nur zögerlich besucht werden, können bei Spätwintereinbrüchen Fettfutterspender, die in Hecken und Büschen in Gärten, in kleine Baumgruppen in Parks u. Ä. gehängt werden – also an Plätze, wo sich die Art normalerweise gern aufhält –, regelmäßig von zehn oder mehr Mönchsgrasmücken genutzt werden. Wo die Vögel auch Futterhäuser besuchen, fressen sie Haferflocken, Weichfutter und selbst kleine Sämereien.

Zilpzalp
Phylloscopus collybita

Dieser zierliche Laubsänger, der wie der Kuckuck seinen Namen nach seinem Gesang trägt, der wie „zilpzalp ..." klingt, ist *oberseits olivbraun*, *unterseits weißlich* mit schwach *gelblichem Anflug* und *schwarzen Beinen* und steht in der Liste der häufigsten Vogelarten bei uns etwa auf Platz sieben. Ein ganz typisches Verhaltensmerkmal sind Zuckbewegungen von Schwanz und Flügeln in kurzen Abständen. Er kommt im Zuge seiner zunehmenden Überwinterung im Brutgebiet sowie früheren Rückkehr aus dem Winterquartier auch bei uns gelegentlich an Futterstellen, v. a. im Spätwinter und Frühjahr. Er kann selbst kaum Fettfutter von Meisenknödeln loshacken, sondern nimmt kleine am Boden oder im Geäst liegende Partikel auf, im Futterhausbereich auch Weichfutter. Mit zunehmender Klimaerwärmung ist wie bei der Mönchsgrasmücke mit mehr und mehr Futterstellenbesuchern zu rechnen. Auch die Zwillingsart **Fitis** *(P. trochilus)* mit *meist hellbraunen Beinen* wurde schon an der Ganzjahresfütterung beobachtet[65].

Bachstelze
Motacilla alba

Schwarze Kappe und *schwarzer Latz*, *grauer Rücken* und der im Übrigen *weiße Körper* machen die Bachstelze unverwechselbar. Sie siedelt von der offenen Landschaft bis ins Innere von Großstädten, wo sie auf Hochhäusern brüten kann, und besucht gelegentlich Futterstellen, die recht offen liegen, wo sie am Boden Weichfutter, Fettfutter u. Ä. aufnimmt.

Wiesenpieper
Anthus pratensis

Auch dieser Teilzieher, der zunehmend bei uns überwintert, sehr spät weg- und sehr früh heimzieht, kann offen gelegene Futterstellen besuchen, wenn er sie findet. Bei uns ist das der Fall, wenn wir bei Schneefall die Bodenfütterung am Schafstall großflächig frei räumen. Auf derartig aperen Flächen finden sich dann neben Staren, Singdrosseln, Rohrammern, Hausrotschwänzen u. a. immer wieder Wiesenpieper ein, die Weichfutter und kleine Sämereien aufnehmen. Er wirkt wie eine kleine Lerche, mit olivbrauner Ober- und hellerer Unterseite, ist *oben und unten gestreift* und besitzt einen *dünnen Schnabel*. Der sehr ähnliche **Baumpieper** *(A. trivialis)* mit mehr *gelbbrauner Färbung* und *hellrötlichen* (statt dunklen) *Beinen* kann Ganzjahresfutterstellen besuchen[65].

Gebirgsstelze
Motacilla cinerea

Von der Bachstelze durch die *gelbe Unterseite* und von anderen gelben Stelzenformen durch den *grauen Rücken* unterschieden; von allen Stelzenarten besitzt sie den längsten Schwanz. Dieser Teilzieher überwintert vielfach bei uns und ist im Gegensatz zur „Bach"stelze eng an Bäche und Flüsse gebunden, die sie häufig auch innerhalb von Ortschaften bewohnt. Im Ortsbereich kommt sie gelegentlich auch an Futterstellen, wobei sie selbst kleine Futterhäuschen besuchen kann. Eine Gebirgsstelze hat in Schloss Möggingen, dem Sitz der Vogelwarte Radolfzell, den Winter 1988/1989 über monatelang ein Futterhaus besucht (und dort Weichfutter gefressen, wie wir es für unsere Grasmückenhaltung hergestellt haben[110]) und hat dann im Frühjahr 1989 zusammen mit einem Partner nur etwa 25 m entfernt davon gebrütet.

Rallen

Die bei uns Futterstellen besuchenden „Sumpfhühner" – Bläßhuhn und Teichhuhn – haben, wie der Name irrtümlich vermuten lässt, nichts mit Hühnervögeln zu tun, sondern sind mit Kranichvögeln verwandt. Ihre rundliche Gestalt erinnert zwar etwas an Hühner, aber ihr Körper ist sehr schmal, wirkt wie seitlich „zusammengedrückt" und ist damit hervorragend geeignet, um durch dichtes Röhricht, Riedgras u. Ä. zu schlüpfen.
*In Großbritannien erscheint auch die kleinere langschnäblige **Wasserralle** (Rallus aquaticus), die gebänderte Flanken besitzt, an Futterstellen.*

Bläßhuhn
Fulica atra
Schwarz, mit *weißem Stirnschild* (Blesse) *und Schnabel*, Hinterkörper

rundlich mit sehr kurzem Schwanz, wirkt wie schwanzlos. Dieser Schwimmvogel geht oft an Land, z. B. um in Wiesen Gras zu weiden, und kommt im Winterhalbjahr gern an von Ufern nicht weit entfernte Futterstellen, um dort Haferflocken, Körner, Äpfel u. a. aufzunehmen. Bläßhühner sind teilweise sehr aggressiv – sie vertreiben oft Enten und sogar Schwäne – und sind deshalb bisweilen unbeliebt. Ihr regionaler Rückgang rechtfertigt jedoch ihre Fütterung.

Teichhuhn
Gallinula chloropus
Wirkt graziler als das Bläßhuhn, hat einen *roten Schnabel*, einen *weißen Flankenstreif* sowie *weiße Unterschwanzdecken* und einen aufgestellten Schwanz, mit dem es bei Erregung häufig zuckt. Auch dieser Wasser- und Sumpfvogel besucht gern ufernahe Futterstellen, wo er Haferflocken, Äpfel, Sämereien oder auch Weichfutter verzehrt. In vielen Zoos schmarotzen Teichhühner ganzjährig an den Fütterungen von Wasser-, Hühnervögeln u. a. und besiedeln dafür freiwillig deren Gehege.

Ausgesprochen langflügelige Schwimmvögel, die viel und elegant fliegen und segeln, z. B. als Schiffsbegleiter. Die meisten Arten sind hell (weiß-grau) und besitzen schwarze Abzeichen, im Jugendkleid sind Möwen meist dunkler. Bei uns kommen v. a. drei Arten als Futterstellenbesucher infrage.

Lachmöwe
Larus ridibundus

Eine mittelgroße Möwe und die typische Möwe des Binnenlands. Ganzjährig kennzeichnend ist ein *reinweißer Vorderflügelrand; Beine und Schnabel* sind *rot*. Im Brutkleid ist der *Kopf schokoladenbraun* mit hellem Augenring. Dieser Koloniebrüter streift auch im Winter in Gruppen gesellig umher und besucht dabei gern Futterstellen, z. B. vielerorts in ufernahen Gemeinden des Bodensees. Die Lachmöwe kommt zudem in Städten von Seen und Flüssen aus bis zu Futterhäusern auf Balkone, wo sie als Allesfresser vielerlei verzehrt, von Haferflocken über Körner bis zu Fett- und Weichfutter. Über das problematische Füttern von Möwen direkt an Gewässern s. S. 62.

Silbermöwe
Larus argentatus

Im Bereich unserer Meeresküsten dominiert die Silbermöwe, die fast doppelt so groß wie eine Lachmöwe wirkt. Ihr *Rücken und die Flügel* sind *grau*, Letztere *mit schwarz-weißen Spitzen*. Die Beine sind *fleischfarben*, bei der heute als eigene Art abgetrennten Mittelmeermöwe, die bis weit ins mitteleuropäische Festland hinein vorkommt, hingegen *gelb*. Obwohl die Silbermöwe tierische Nahrung bevorzugt, frisst sie auf Müllplätzen und bisweilen an Futterstellen im Küstenbereich auch vegetabilische Nahrung wie Haferflocken und Körner, ist aber wegen ihrer hohen Nahrungsaufnahme meist unbeliebt.

Sturmmöwe
Larus canus

Auch diese etwas größere Möwe mit *schwarz-weißen Flügelspitzen*, ohne weißen Vorderflügelrand und *grünlich gelber Bein- und Schnabelfärbung* überwintert häufig im Binnenland und kann gelegentlich – meist zusammen mit Lachmöwen – an Futterplätzen auftauchen. Ihr Futterbedarf ähnelt dem der Lachmöwe.

Greifvögel

Von dieser artenreichen und vielgestaltigen Gruppe, von der in Europa rund 40 Arten vorkommen, spielen an normalen Futterstellen nur wenige eine Rolle, von denen hier sieben kurz vorgestellt werden. Für eine Reihe von Arten, wie z. B. die vom Aussterben bedrohten Bart- und Mönchsgeier und die gebietsweise bedrohten Gänsegeier, werden in bestimmten Bergregionen spezielle Futterplätze angelegt, um Wiedereinbürgerungsaktionen zum Erfolg zu verhelfen (siehe Seite 41). Alle Greifvögel – früher diskriminierend Raubvögel genannt – besitzen einen typischen Hakenschnabel (einen nach unten gebogenen spitzen Oberschnabel), der zusammen mit Greiffüßen (Zehen mit dolchartigen Krallen, daher der Name) zum Festhalten von Beute dient.

Kornweihe
Circus cyaneus

Ein Teilzieher, der bei uns v. a. im Winterhalbjahr zu beobachten ist, nämlich als Wintergast aus Brutbeständen im Osten und Norden. Die Kornweihe sieht man meistens im bodennahen Ruder- und v. a. Gleitflug mit *v-förmig nach oben gestellten Flügeln.* Bei diesem schlanken Greifvogel, der in der Größe zwischen Sperber und Bussard liegt, besitzen sowohl das *hellgraue* Männchen als auch das *braun gestreifte* Weibchen einen *weißen Bürzelfleck.* Dieser Kleintierjäger kommt immer wieder an offen gelegene Futterstellen, um dort Singvögeln nachzustellen.

Sperber
Accipiter nisus

Er taucht an vielen Futterstellen auf – in Großbritannien etwa an der Hälfte aller Gartenfutterplätze. Seine Hauptnahrung sind Kleinvögel, die er im Winterhalbjahr häufig aus den Ansammlungen an Futterstellen zu erbeuten versucht. Dabei spielt er eine wichtige Rolle beim Verzehr kranker und geschädigter Individuen (siehe Seite 19). Meist sieht man ihn nur blitzschnell herbeijagen – und die Kleinvögel davonstieben. Aber bei längerem Beobachten kann man ihn

Turmfalke
Falco tinnunculus

Er ist überwiegend ein Mäusejäger, der aber auch Vögel fängt und v. a. in

auch sitzen sehen, manchmal sogar im Futterhaus oder auch – auf frisch gemachter Beute – unmittelbar daneben. Dann erkennt man die typischen Merkmale: nur etwa taubengroß, oberseits dunkel, unterseits heller und *eng gebändert* („gesperbert"), beim Männchen mit rostfarbener Tönung, die Augen stechend hell. Der ebenfalls an Futterplätzen auftauchende und auf Tauben, Eichelhäher, Stare u. a. jagende **Habicht** *(Accipiter gentilis)* sieht einem Sperber sehr ähnlich, ist aber *etwa so groß wie ein Bussard.*

winterlichen Notzeiten gelegentlich an Futterstellen auftauchen kann, um dort, wenn möglich, Vögel zu erbeuten. Im Gegensatz zum Sperber, der bei ungestümer Jagd im engen Häuserbereich schon Fensterscheiben durchschlagen hat, erscheint der Turmfalke mehr an offenen Futterplätzen, die er meist von oben her bejagt. Er hat die Größe eines Sperbers, aber einen *rotbraunen Rücken* mit dunkler Fleckung (Männchen, mit grauem Schwanz) bzw. Bänderung (Weibchen, mit ebenfalls gebändertem Schwanz).

Mäusebussard
Buteo buteo

Unser häufigster Greifvogel, etwa hühnergroß, von der Gestalt eines kleinen Adlers. Er hat meist eine dunkelbraune Oberseite, ist unterseits heller, dunkel gefleckt bis gebändert, *Schwanz mit schmalen dunklen Bändern*. Bei sehr variabler Gefiederfärbung kommen auch sehr dunkle und fast weiße Individuen vor. Als Ansitz- oder Wartenjäger sitzt der Bussard oft stundenlang auf einem Baum, Leitungsmast oder Pfahl, um seiner Hauptbeute aufzulauern – Mäusen. Bei geschlossener Schneedecke können nicht weggezogene Individuen dieser teilziehenden Art nach einigen Tagen des Hungerns, das ihnen nicht schadet, in Not geraten und schließlich verenden. Zuvor versuchen sie gelegentlich, an offen gelegenen Futter-stellen Kleinvögel zu erbeuten, aber meist nur mit geringem Erfolg. In Notzeiten mit geschlossener Schneedecke lassen sich Mäusebussarde (zusammen mit anderen Fleischfressern) gut an spezielle Futterplätze locken, an denen man derzeit am besten Rinderherz anbietet, u. U. auch Wildbret (siehe Seite 41). An solchen, früher „Luderplätzen" genannten Futterstellen können 20 und mehr Bussarde erscheinen – ein grandioses Erlebnis. V. a. in Norddeutschland – in sehr strengen Wintern auch bis nach Süddeutschland – kann der im nördlichen Skandinavien brütende **Raufußbussard** (*B. lagopus*) Futterplätze aufsuchen. Er zeichnet sich außer durch seine bis zu den Zehen befiederten Beine (Name!) v. a. durch einen *weiß(lich)en Schwanz mit breiter, dunkler Endbinde* aus.

Rotmilan
Milvus milvus

Er ist ein *rostfarbener* Greifvogel, der v. a. auch wegen seines langen, *tief gegabelten Schwanzes* („Gabelweihe") noch größer als ein Bussard wirkt. Dieser Teilzieher kann als Überwinterer oder sehr früher Rückkehrer im Spätwinter wie der Mäusebussard in Not geraten und kommt dann gern an Futterstellen, an denen Fleisch ausgelegt wird. Auch der noch fast ausschließlich wegziehende **Schwarzmilan** (*M. migrans*) – *schwärzlich braun*, nur *schwach* gegabelter Schwanz –, der häufig Aas verzehrt, kann an Futterplätzen erscheinen, an denen Fleisch oder Fisch geboten wird. An unseren Storchenfütterungen erscheint er wie der Rotmilan regelmäßig, um tote Eintagsküken zu holen.

Störche

Die beiden bei uns vorkommenden Arten – Weiß- und Schwarzstorch – sind bestimmt keine „Futterhaus"-Vögel, aber Fütterung spielt v. a. beim Weißstorch eine große und wichtige Rolle. Deshalb soll er hier miteinbezogen werden. Auch für den meist sehr heimlich in großen Wäldern lebenden Schwarzstorch (Ciconia nigra) werden z. T. Nahrungstümpel in Waldbächen angelegt, in denen lebende Fische geboten werden, was aber Spezialisten vorbehalten bleibt.

Weißstorch
Ciconia ciconia

Freund Adebar – unser (früherer) Kinderbringer – war vor wenigen Jahrzehnten in weiten Teilen seines ehemaligen Verbreitungsgebiets ausgestorben (siehe Seite 22). Durch Wiedereinbürgerung, verbunden mit *intensiver Fütterung*, gelang es, von der Schweiz bis nach Skandinavien eine *semidomestizierte* Population neu aufzubauen, die immer noch viel menschlicher Unterstützung bedarf. So müssen viele der im Winter nicht wegziehenden Vögel gefüttert werden, und ebenso ist vielfach *Zufütterung zur Brutzeit für guten Bruterfolg unerlässlich*. Wer das leugnet (und das tun nicht wenige „Pseudo-Ökologen"), der übersieht, dass die Störche bei uns gerade auch deshalb so dramatisch im Bestand zurückgegangen waren, *weil ihnen die Nahrungsgrundlage verloren gegangen ist* (durch Trockenlegung von Feuchtgebieten, Umwandlung von Wiesen in Äcker u. a.[71]).

Unser unverkennbarer Weißstorch – *groß, weiß, mit Schwarz an den Flügeln* sowie *rotem* Schnabel – lässt sich leicht an Futterplätze gewöhnen und regelmäßig zufüttern. Optimales Nahrungsangebot sind Eintagsküken oder kleine Fische sowie Fischstücke, die man über ausgewiesene Händler bezieht.

Bei Vorratshaltung sollte man beachten, dass ein Weißstorch bei einem einzigen Futterstellenbesuch reichlich 20 Eintagsküken im Kropf aufnehmen und zu seinen Jungen schleppen kann!

Seidenschwanz
Bombycilla garrulus

Dieser Brutvogel der Taigazone der Holarktis – von Skandinavien bis Sibirien und Kanada – erscheint rund alle zehn Jahre als sogenannter Invasionsvogel z. T. massenhaft bei uns in Mitteleuropa. Diese Großinvasionen ver-

meintlicher „Pestvögel", die seit dem Mittelalter registriert werden, haben ihre Ursache in starker Vermehrung verbunden mit Nahrungsmangel und führen geringere Mengen an Seidenschwänzen auch in zwischen den Großeinflügen liegenden Jahren zu uns[71]. Als Spezialisten für pflanzliche Nahrung (s. S. 18) suchen Seidenschwänze bei uns hauptsächlich nach Beeren aller Art, v. a. auch nach Obst, und lassen sich mit entsprechendem Futter (Äpfeln, Rosinen, den lackroten Beeren des Schneeballs) gut an Futterstellen locken, wo sie oft kaum Scheu zeigen. Sie ähneln in Größe, Gestalt und Flug Staren, sind aber am Körper nicht gefleckt und haben eine *lange Haube* sowie eine *gelbe Schwanzspitze*.

Halsbandsittich
Psittacula krameri

Im Zuge der globalen Klimaerwärmung, der Ausbildung günstiger Mikroklimata in Großstädten und aufgrund spezieller lokaler Nahrungsangebote ist es inzwischen einigen „Exoten" gelungen, sich bei uns fest zu etablieren. Dazu gehören neben Flamingoarten (z. B. im Zwillbrocker Venn), verschiedenen Enten- und Hühnervögeln v. a. auch rund zehn Papageienarten. Von diesen fast durchweg von entwichenen und ausgesetzten Individuen abstammenden „Neubür-

gern" ist der Halsbandsittich ein prominenter Vertreter. Er brütet in Europa inzwischen mit über 10 000 Brutpaaren und ist besonders in Randlagen großer Städte wie Köln, Innsbruck, Wien u. a. augenfällig. Wie auch all die anderen Sittich-, Amazonen- und sonstigen Papageien-Neubürger nutzt er Futterstellen, an denen er Sämereien, Früchte, Haferflocken u. a. verzehrt. Gelegentlich tauchen entwichene **Wellensittiche** *(Melopsittacus undulatus)*, **Kanarienvögel** *(Serinus canaria)* u. v. a. am Futterplatz auf, die sich meist nur vorübergehend halten.

Stockente
Anas platyrhynchos

Wer Futterstellen in Wassernähe unterhält, kann oder muss u. U. mit einer ganzen Reihe von Wasservögeln oder Feuchtgebietsbewohnern rechnen. Neben **Höckerschwänen** *(Cygnus olor)*, **Grau-** *(Anser anser)*, **Kanada-** *(Branta canadensis)* und **Streifengans** *(Anser indicus)* sind dies besonders verschiedene Entenarten, von denen die Stockente die häufigste Art ist. Das Männchen ist hell mit *grünem Kopf* und *weißem Halsring*, das Weibchen braun wie bei anderen Entenarten, aber mit *weißlichem* Schwanz. Enten sind Allesfresser, die an Futterstellen nahezu alles verzehren, was nicht zu groß oder zu hart zum Schlucken ist.

In Großbritannien hat man an Futterplätzen neben dem **Zwergtaucher** *(Tachybaptus ruficollis)* verschiedene Watvögel beobachtet, v. a. **Bekassine** *(Gallinago gallinago)* und **Waldschnepfe** *(Scolopax rusticola)*, die Weichfutter aufnehmen, und an Gartenteichen kann gar nicht selten ein **Graureiher** *(Ardea cinerea)* erscheinen, um z. B. Goldfische zu fangen. Letzteren kann man ebenso wie die **Rohrdommel** *(Botaurus stellaris)*, die in harten Wintern in große Not geraten kann, mit Fischen – in flachen Behältern angeboten – versorgen, z. T. auch mit Eintagsküken. Auch den **Eisvogel** *(Alcedo atthis)* kann man bisweilen so mit kleinen Fischen füttern.

Wie für tagsüber aktive Greifvögel beschrieben, können auch in der Dämmerung jagende Eulen an Futterplätzen erscheinen, um meistens gegen Abend, gelegentlich auch morgens oder selten am Tage Vögeln nachzustellen. Das gilt v. a. für den **Waldkauz** *(Strix aluco)*, der sich zu einem Gutteil von kleineren und größeren Vögeln ernährt. Er hat etwa die Größe einer Ringeltaube, wirkt kräftig und rundlich mit breitem Kopf, hat *rot- bis graubraunes Gefieder* und große *schwarze Augen*.

Auch die **Waldohreule** *(Asio otus)* – überwiegend Mäusejäger – fängt besonders in Notzeiten, v. a. bei geschlossener Schneedecke, kleinere Vögel, die z. T. auch in der Nähe von Futterstellen erbeutet werden. Waldohreulen kann man helfen, indem man in der Nähe ihrer Schlafbäume, in denen größere Gruppen von Vögeln zusammensitzen können, Bodenbereiche offen hält und mit Stroh, Dreschabfällen usw. abdeckt, sodass sich dort Mäuse vermehrt aufhalten. Ähnliches gilt auch für die **Schleiereule** *(Tyto alba)*, die noch mehr als die Waldohreule auf Mäuse spezialisiert ist, aber ebenfalls an Futterstellen erscheinen kann (s. auch S. 41).

Seltener Gast an der Futterstelle: Auerhahn

Weitere Vogeljäger, die sowohl in Großbritannien als auch bei uns Futterplätze für Sing- und Großvögel aufsuchen können, sind **Steinkauz** *(Athene noctua)*, **Wanderfalke** *(Falco peregrinus)*, **Merlin** *(Falco columbarius)* und **Raubwürger** *(Lanius excubitor)*. Als Raubwürger noch überall häufiger waren, haben sie im Winter ganz regelmäßig Kleinvögel an Futterstellen erbeutet – heute ist das bei den Restbeständen dieser Art, die bei uns noch vorkommen, die große Ausnahme. An mit Fleisch bestückten Futterplätzen kann im Küstenbereich, aber auch an Binnenseen der **Seeadler** *(Haliaeetus albicilla)* auftauchen, im Alpenraum der **Steinadler** *(Aquila chrysaetos)*.

Eine Geschichte

Zum Schluss eine kurze amüsante Geschichte, die zeigt, dass am Vogelfutterplatz in Bezug auf das Auftreten von Kuriositäten nichts unmöglich ist. In der Vogelwarte kommen im Winterhalbjahr fast täglich Anrufe der Art: „Bei mir am Futterhaus war (oder ist) ... Was könnte das (gewesen) sein?"

Solch einen Anruf einer älteren Dame erreichte vor etlichen Jahren unseren damaligen Leiter der Beringungszentrale, der mir anschließend davon berichtete, mit der Aufforderung, ich soll mich hinsetzen, damit es mich nicht „umhauen" würde. Die Dame (D): „An meinem Futterhaus ist ein Vogel mit langem Schnabel, grau, und rot auf dem Kopf. Was ist das?" Mein Mitarbeiter (M): „Müsste wohl ein Grauspechtmännchen sein." D: „Kein Specht – Spechte kenne ich." M: „Wenn es kein Grauspecht ist, dann kommt bei uns eigentlich kein anderer Vogel mit derartiger Färbung infrage." D: „Nun hören Sie mal – ich sehe ihn ja vor mir." M: „Hat er denn außer Grau und Rot noch andere Farben?" D: „Ja, ja, am Kopf ist auch noch Schwarz und Weiß." M: „Ah – dann ist es offenbar ein Buntspecht." D (ärgerlich): „Nun hören Sie mal, wollen Sie mich etwa auf den Arm nehmen? Ich sagte Ihnen doch schon: Es ist kein Specht!" M (nach einigem Überlegen): „Wie groß ist denn Ihr kurioser Vogel?" D: „Riesig, so wie ein Storch, oder größer; wissen Sie, der steht neben dem Futterhaus und frisst." M: „Ach du lieber Himmel – und warum haben Sie das nicht gleich gesagt?" D: „Sie haben ja gar nicht nach der Größe gefragt." M (nach einiger innerer Sammlung): „Gut – und wie sieht denn der Schwanz des Vogels aus?" D: „Der ist so buschig, so nach unten, wie bei einem Strauß." M: „Okay, dann ist es offensichtlich ein **Kranich** *(Grus grus)*" ... was dann die weitere Beschreibung ohne jeden Zweifel bestätigte.

Literatur

Die halbfetten Ordnungszahlen beziehen sich auf die hochgestellten Hinweiszahlen im Text.

Bücher sind mit Titel aufgeführt, Zeitschriftenartikel nur unter Angabe von (Erst-)Autor, Erscheinungsjahr, Zeitschrift, Band und Seitenzahl, mit der die Artikel über den üblichen Literaturservice zu beschaffen sind.

Ein + hinter dem Autorennamen bedeutet Multi-Autoren-Arbeit.

Neue Literatur konnte berücksichtigt werden bis Oktober 2011.

1 Lohmann 2007 **Das 1×1 der Vogelfütterung** BLV München

2 Berthold 1990 Verh Dtsch Zool Ges 83: 227

3 Föhr 2005 **Nistkästen und Vogelschutz** Neue Brehm-Bücherei Wittenberg

4 Lohmann 2005 **Vögel am Futterhaus** BLV München

5 Liebe 1879 Monschr Dtsch Ver Schutz Vogelwelt

6 Hennicke 1912 **Handbuch des Vogelschutzes** Creutz Magdeburg

7 Henze 1934 **Vogelschutz** Brockmann München

8 Carson 1962 **Der stumme Frühling** Biederstein München

9 Berthold + 1986 J Ornithol 127: 397

10 Löhrl 1982 **Vögel am Futterplatz** Kosmos Stuttgart

11 Glue 2005 BTO News 260: 8

12 BTO 2005 Garden Birds Hygiene & Disease BTO Thetford

13 Witt 1999 **Ein Garten für Vögel** Kosmos Stuttgart

14 Franck 2002 **Vögel im Winter** BUND Berlin

15 Singer 1987 **Vogeltreffpunkt Futterhaus** Kosmos Stuttgart

16 Schmidt 2001 **Gefiederte Nachbarn** Rasch & Röhring Steinfurt

17 Bezzel 1982 **Vögel in der Kulturlandschaft** Ulmer Stuttgart

18 Naumann 1849 Rhea 2: 131

19 Bauer + 2002 Ber Vogelschutz 39: 13

20 Seitz 2010 Vögel 19: 60

21 Berthold 2003 J Ornithol 144: 385

22 Graveland + 1994 Nature 368: 226

23 Leech 2010 BTO News 291: 16

24 Schäffer 2008 Falke 55: 25

25 Sudfeldt + 2008 **Vögel in Deutschland** DDA Münster

26 Reif + 2008 Ibis 150: 596

27 Berthold 2010 MaxPlanck Forschung 4: 12

28 DUH 2008 Natur Landschaft 83: 502

29 Siriwardena 2009 BTO News 280: 8

30 Berthold 2010 Falke 57: 88

31 Berthold 2011 Falke 58: 268

32 Bezzel 2001 J Ornithol 142: 160

33 Engler + 2003 Artenschutzrep 14: 21

34 Crick + 2002 BTO News 242: 3

35 Robinson + 2002 J Appl Ecol 39: 173

36 Hole 2002 BTO News 243: 17

37 Witt 2005 Berliner Ornithol Ber 15: 41

38 Mitschke + 2003 Artenschutzrep 14: 4

39 Mitschke 2009 Hamburger avifaun Beitr 36: 147

40 Kübler 2006 Vogelwarte 44: 191

41 Toms + 2006 J Ornithol 147: 117

42 Boileau 2007 Alauda 75: 413

43 De Laet + 2007 J Ornithol 148: 275

44 Brichetti + 2008 Ibis 150: 177

45 Peach + 2008 J Anim Conserv 11: 493

46 Murgui + 2010 Bird Study 57: 281

47 Reichholf 2010 Ornithol Mitt 62: 112

48 Schäffer 2011 Falke 58: 49

49 Liker + 2008 J Anim Ecol 77: 789

50 Böhner + 2007 Berliner Ornithol Ber 17: 17

51 Glutz + 1997 **Handbuch Vögel Mitteleuropas** Aula Wiesbaden

52 Kekkonen + 2011 Heredity 106: 183

53 Glue 2001 BZO News 236: 12

54 Aitinger 1653 **Vom Vogelstellen** Schadewitz Cassel

55 Bub 1970 **Vogelfang und Vogelberingung** Neue Brehm-Bücherei Wittenberg

56 Havelka + 2001 **Vögel im Winter** Staatl Vogelschutzwarte BW Karlsruhe

57 Liebe 1894 **Ornithol Schriften** Malende Leipzig

58 Morbach 1935 **Der praktische Vogelschutz** Luxbg Landesver Vogelsch Esch

59 Glue 2002 BTO News 242: 6

60 Toms 2005 BTO News 261: 7

61 Siriwardena + 2004 Ibis 146: 144

62 Robinson + 1999 Ecography 22: 447

63 Stephens + 2003 Appl Ecol 40: 970

64 Berthold 1976 J Ornithol 117: 145

65 Kraft 1988 Verh Ornithol Ges Bayern 24: 555

66 Nager + 1997 Anim Ecol 66: 495

67 Petrin 2000 Efeubeeren und Singvögel Dipl Arb Uni Gießen

68 Brensing 1977 Vogelwarte 29: 44

69 Berthold 2006 Ber Freiburger Forstl Forsch FVA 64: 71

70 MPG 2005 MaxPlanck Forschung 4: 5

71 Berthold 2011 **Vogelzug** Wiss Buchges Darmstadt

72 Bearhop + 2005 Science 310: 502

73 Ziemer 2008 Jahresh LBV Unterallgäu 14

74 Bairlein 1979 J Ornithol 120: 1

75 Reinhard 2007 Vogelwarte 45: 81

76 Berthold + 2001 J Ornithol 142: 63

77 Chamberlain + 2005 Ibis 147: 563

78 Reynolds + 2003 Oecologia 134: 308

79 Ramsay + 1997 J Anim Ecol 66: 649

80 Schmidt + 1985 J Ornithol 126: 175

81 Siriwardena + 2005 BTO News 259: 4
82 Cowie + 1988 Bird Study 35: 136
83 Hernandez 2005 Folia Zool 54: 379
84 Fuller + 2008 Diversity Distribution 14: 131
85 Dilawar 2006 Hornbill 110: 35
86 Spurr 2008 Southern Bird 35: 9
87 Job + 2011 J Avian Biol 42: 16
88 Kraft 1997 Habilschr Uni Marburg
89 Chamberlain + 2009 Ibis 151: 1
90 Siriwardena + 2007 J Appl Ecol 44: 920
91 Dhondt 2010 J Ornithol 151: 955
92 Harrison + 2010 Oecologia 164: 311
93 Robb + 2008 Biol Lett 4: 220
94 Roth + 2008 Ethology 114: 398
95 Wilson 2001 North Am Bird Bander 24: 113
96 Tilgar + 2010 J Ornithol 151: 61
97 Nagy + 2004 J Avian Biol 35: 487
98 Møller + 2009 Biol J Linn Soc 97: 334
99 Peach + 2006 J Ornithol 147· 19
100 Irving + 2008 Brit Birds 101: 251
101 Forsman + 2006 J Ornithol 147: 167
102 Saggese + 2011 Anim Behav 81: 361
103 Ockendon + 2009 Bird Study 56: 405
104 Allmer 2010 Vögel 4: 16
105 Lietzow 2006 Voliere 29: 29
106 Glue 2009 BTO News 284: 10
107 Eds 2006 Brit Birds 99: 370
108 McCanch 2006 Brit Birds 99: 580
109 Calladine + 2006 Ibis 148: 169
110 Berthold + 1990 **Die Mönchsgrasmücke** Neue Brehm-Bücherei Wittenberg
111 Whitaker + 2010 Auk 127: 471
112 Moss + 2001 **Bird Boxes and Feeders** New Holland London
113 Berlepsch 1929 **Der gesamte Vogelschutz** Neumann Neudamm
114 Dreyer 2003 Tier Bild 26
115 Frömel 1980 Vogelwarte 30: 218

116 Hohla 2004 Öko-L 26: 3
117 Perkins + 2007 Bird Study 54: 46
118 Kühn 2008 Gefiederte Welt 132: 11
119 Ferrer + 2007 Ardeola 54: 359
120 Margalida + 2009 Ibis 151: 235
121 Cortes-Avizanda + 2010 Biol Conserv 143: 1707
122 Golnik 2011 Eulen-Rundblick 61: 103
123 CJ WildBird Foods Handbook 2005-2006 Shrewsbury
124 wie 123 2002–2003
125 Gross 2010 Gefiederte Welt 134: 6
126 Bund für Vogelschutz 1914 Merkblatt 25
127 Egidius 2004 **Vögel im Garten** Ulmer Stuttgart
128 Pfeifer 1973 **Taschenbuch für Vogelschutz** DBV Stuttgart
129 Biebach + 1991 Biol Rhythms 6: 353
130 Straub + 2012 Ornithol Mitt im Druck
131 Weiß + 2011 Vogelwarte 49: 120
132 Visser + 2004 Adv Ecol Research 35: 89
133 Winkel + 2006 Jber Inst Vogelforsch 19
134 Pounds + 2006 Nature 439: 161
135 Berthold + 1971 Vogelwarte 26: 160
136 Berthold 1978 J Ornithol 119: 334
137 Wojciechowski + 2006 J Ornithol 147: 83
138 Berthold + 1974 Ornis Fennica 51: 146
139 Bosch 2010 Vögel 3: 30
140 Mata + 2010 Comp Biochem Physiol 155: 19
141 Biebach 1977 J Ornithol 118: 117
142 Bayer Verfassungsgerichtshof 2006 Gefiederte Welt 130: 36
143 Richarz + 2001 **Taschenbuch für Vogelschutz** Aula Wiesbaden
144 Zimmermann 2007 Ornithol Mitt 59: 185
145 Robinson + 2010 PloS ONE 5: 12215
146 Toms 2010 BTO News 291: 15

147 Nipkow + 2010 Falke 57: 299
148 Pennycott 2010 Vet Rec 166: 419
149 Mayer 2011 Gefiederte Welt 135: 24
150 Witt 1994 **Wildpflanzen für jeden Garten** BLV München
151 Heynitz + 1994 **Das biologische Gartenbuch** Ulmer Stuttgart
152 Schäffer + 2006 **Gartenvögel** Aula Wiesbaden
153 Bosch 2010 Vögel 19: 26
154 Thielcke 2007 Naturschutz heute 2: 4
155 Alberternst + 2006 Nachrichtenbl Dtsch Pflanzenschutzd 58: 1
156 Alberternst + 2008 Natur Landschaft 83: 412
157 Gugenhan 2011 Eisenbahn Landwirt 94: 146
158 Miersch 2008 Die Welt 17.6.
159 IUCN (Weltnaturschutzunion) 2005 Rote Listen http://www.birdliferedlist
160 Mols + 2005 Ardea 93: 259
161 Petutschnig 2006 Limicola 20: 208
162 Jones 2011 Emu 111: i
163 Chamberlain + 2010 Biol Lett 6: 82
164 LBV 2011 Gefiederte Welt 135: 5
165 McFarlan + 2009 J Exper Biol 212: 2934
166 Hoffmann 2009 Falke 56: 37
167 Weissenböck + 2003 Microbes Infection 5: 1132
168 Nord + 2011 Oecologia 167: 21
169 Frick + 2011 Biotech Agr Soc Environm 15: 39
170 Liknes + 2011 J Thermal Biol 36: 363
171 Breithaupt + 2011 Vet Pathol 48: 924
172 Robb + 2011 Condor 113: 475
173 Egidius 2011 **Vögel füttern rund ums Jahr** Ulmer Stuttgart
174 Haag 2010 **Vögel füttern im Winter** Kosmos Stuttgart
175 Schäffer 2011 Falke 58: 401 Quellen für Futtermittel und Futterspender

Quellen für Futtermittel und Futterspender

Die nachfolgend aufgeführten Anbieter und Hersteller von Futtermitteln für frei lebende Vögel sowie von Futterspendern und sonstigen Vogelschutzgeräten sind uns bekannt für hohe Qualitätsstandards. Sie lassen sich zudem von uns mehr oder weniger regelmäßig im Hinblick auf weitere Qualitätssteigerung beraten.
Die Adressen sind nach Postleitzahlen geordnet.

Deutschland

Christoph & Franz Erdtmann OHG
Fabrikation und Großhandel
Söllerstr. 29–31
21481 Lauenburg/Elbe
Tel.: 04153 58600
www.erdtmann.com

GEVO GmbH
Am Nüttermoorer Sieltief 41
26789 Leer
Tel.: 0491 4545030
www.gevo-gmbh.info

Vitakraft-Werke
Wührmann & Sohn GmbH & Co. KG
Mahndorfer Heerstr. 9
28307 Bremen
Tel.: 0421 48960
www.vitakraft.com

Vivara Naturschutzprodukte
Kaiserswerther Str. 115
40880 Ratingen
Tel.: 01803 848272
www.vivara.de

Rolli Pet Deutschland GmbH
Nikolaus-Dürkopp-Str. 3
59227 Ahlen
Tel.: 02382 888616
www.rolli-pet.de

Claus GmbH
Friedensau 11
67117 Limburgerhof
Tel.: 06236 61036
www.claus-futter.de

Schwegler
Vogel- & Naturschutzprodukte GmbH
Heinkelstr. 35
73614 Schorndorf
Tel.: 07181 977450
www.schwegler-natur.de

Rahmer Mühle GmbH & Co. KG
Horkheimer Str. 67–71
74081 Heilbronn
Tel.: 07131 898770
www.rahmer-muehle.de

Mayr Groß- und Außenhandels-Gesellschaft mbH
Zur Mühle 9
86473 Schönebach
Tel.: 08284 708
www.welzhofer.eu

Dehner GmbH & Co. KG
Donauwörther Str. 3–5
86641 Rain
Tel.: 09090 770
www.dehner.de
(Zentrale, Märkte in ganz D)

Donath Wintervogelfutter
Inh. Andreas Donath e.K.
Bahnhofstr. 23
88250 Weingarten
Tel.: 0751 43060
www.wintervogelfutter.de

Österreich

AGROS Trading GmbH
Mühlbachstr. 151
A-4063 Hörsching
Tel: +43 (0)7221 73475
www.agros-trading.com

Rolli-Pet Tiernahrung GmbH
Angersberg 18
A-4483 Hargelsberg
Tel.: +43 (0)7225 6116
www.rolli-pet.at

Niederlande

Vivara
Natuurbeschermingsproducten
Overloonseweg 11c
NL-5821 EE Vierlingsbeek
Tel.: +31 (0)478 517960
www.vivara.nl

Großbritannien

Ernest Charles
Freepost
GB-Crediton/Devon EX17 2YZ
Tel.: +44 (0)800 7316770
www.ernest-charles.com

CJ WildBirds Foods Ltd
The Rea
Upton Magna
GB-Shrewsbury SY4 4UR
Tel.: +44 (0)800 7312820
www.birdfood.co.uk

Gardman Ltd
High Street
GB-Moulton/Lincs PE12 6QD
Tel.: +44 (0)1406 372227
www.gardman.co.uk

Hochwertiges Vogelfutter ist zudem in vielen Zoofachgeschäften erhältlich, z. T. auch in Einkaufszentren. Bei manchen sehr billigen Futtermitteln ist Vorsicht geboten: Sie enthalten häufig hohe Getreide-Anteile, die kaum gefressen werden oder auch Bestandteile fragwürdiger Herkunft.

Register

Ablenkungsfütterung 27
Absperrgitter 61, 93
Aktivitätszeit 57
Allesfresser 37 f., 75, 86 ff.
Alpenbraunelle 82
Alpendohle 90
Alpenkrähe 90
Ambrosie 68
Ammern 10 ff., 25 ff., 83
Amsel 12 ff., 52 ff., 86 ff.
Äpfel 37 ff., 85 ff.
Artenschutz 6 ff., 50, 72
Artensterben 6, 73
Artentod 12
Artenvielfalt 9 ff., 25, 71 f.
Auerhuhn 57

Bachstelze 31, 67, 97
Bartgeier 40, 100
Baumläufer 31 ff., 69, 89
Baumpieper 30, 97
Beeren 18 ff., 60 ff., 80 ff.
Bekassine 104
Bergfink 16 ff., 64, 79
Berghänfling 81
Beringung 25 ff., 48, 104
Bestandsrückgänge 8, 70, 83 ff.
Bestandszunahmen 11, 70, 88
Bewegungsaktivität 57
Bienenlarven 40 ff., 54, 87
Biodiversität 12
Biologischer Anbau 38
Birkenzeisig 30, 39, 78
Birkhuhn 94
Blässhuhn 62, 98
Blaumeise 8, 24 ff., 75
Blutspecht 84
Bodenfütterung 34, 44, 80 ff.
Braunellen 82
Bruterfolg 11 ff., 69, 102
Bucheckern 21, 48
Buchfink 15, 35 ff., 79
BUND 6 f., 9, 24
Buntspecht 4 ff., 30 ff., 84 f.

DBV 5, 8
Deutsche Wildtierstiftung 6
Dichte, von Brutvögeln 24, 27
Dohle 91
Dompfaff 80
Drosseln 15, 31 ff., 86 f.
Drosselvögel 25, 88

Eichelhäher 25, 31 ff., 90
Eichhörnchen 29, 34, 39 ff.
Einzugsbereich 7, 31 ff., 50
Eisvogel 104
Elster 34, 39, 90 f.
Energiebedarf 7, 57 ff.
Energiehaushalt 27
Energieverbrauch 58
Erdnüsse 17, 30 ff., 75
Erdnuss-Spender 34 ff., 51 ff., 61 ff.
Ernährungsformen 37
Ersatzfutter 7, 15, 42 f.
Eulenpapagei 73

Fasan 24, 83, 94
Feldlerche 12 f., 73, 95
Feldsperling 7 ff., 47 ff., 82
Fettdepots 23, 46 ff., 69
Fettflocken 44
Fettfutter 9, 25 ff., 75 ff.
Fettfutter aus Rindertalg 31, 37 ff.
Fichtenkreuzschnabel 81
Finkenvögel 25 ff., 64 ff., 78 ff.
Fitis 30, 96
Flamingo 103
Fleischfresser 19, 101
Fleischstückchen 38, 40
Flugmotor 58
Forschungsprogramme 20
Fremdgehen 28
Früchte 40 ff., 66 f., 87 ff.
Fütterbeginn 45 ff.
Fütterungsdauer 45 ff.
Fütterungserfolg 28
Fütterungsverbot 61
Futterangebot, minimales 37 ff.

Futterbedarf 67, 99
Futterglocke 29 ff., 78, 85
Futterhaus 5 ff., 48 ff.
Futterhaus, ideales 35 f.
Futtermittel 4 ff., 37 ff., 107
Futtermittel, ungeeignete 41
Futterpflanzen 13, 67
Futterplatz, öffentlicher 70
Futtersäule 34
Futtersilo 5 ff., 34 ff., 55 ff.
Futterspender 29 ff., 63 ff., 107
Futterstelle 16, 29 ff..
Futterstelle säubern 49
Futterverbrauch 52, 54 ff.

Gänsegeier 41, 100
Ganzjahresfütterung 4 ff., 50 ff.
Garten, vogelfreundlicher 65 ff.
Gartenbaumläufer 89
Gartengrasmücke 30, 57, 96
Gartenpflanzen 66 f.
Gartenrotschwanz 39, 88
Gebirgsstelze 97
Gefieder 36, 57 f., 63 ff.
Geier 41, 100
Getreide-, Haferflocken 37 ff., 79 ff.
Gimpel 26 ff., 80, 88
Girlitz 54, 65, 79
Goldammer 15 ff., 40 ff., 83
Goldfasan 94
Goldhähnchen 30 ff., 71, 77 ff.
Grasmücken 15 ff., 39 f., 96 f.
Grauammer 54, 83
Graugans 103
Graureiher 21, 104
Grauspecht 12, 56, 85
Greifvögel 27 ff., 91, 100 ff.
Grünling 15 ff., 64 ff., 78
Grünspecht 30, 50, 85
Grundumsatz 57

Habicht 100
Halsbandsittich 103

Hänfling 12 ff., 54 ff., 80 f.
Haubenlerche 49, 95
Haubenmeise 31, 40, 75 f.
Hausrotschwanz 30, 88, 97
Haussperling 11 ff., 23 ff., 82
Haustaube 42 ff., 61 ff., 93
Heckenbraunelle 25, 30 ff., 82
Heidelerche 30, 95
Höckerschwan 103
Hohltaube 93
Hühnervögel 69, 94 ff.
Hungerstreifen 27
Hungerunruhe 28
Hygiene 17 ff., 29 ff., 49 ff.
Hyperaktivität 28

Immunabwehr 49 f.
Infektionsrisiko 18, 49
Infektionsschutz 26
Institut für Vogelforschung 20
IUCN 12, 70

Jugendstreuung 14, 47, 50
Jungvögel 14 ff., 39 ff., 85
Junko 27

Kaiseradler 41
Kalk 12 ff., 40, 65 ff.
Kanadagans 62, 103
Kanarienvogel 13, 51 ff., 103
Kappenammer 72 f., 83
Karmingimpel 30, 78
Katzen 14 ff., 63, 66
Kernbeißer 6, 31 ff., 79
Kiebitz 12, 44
Klappergrasmücke 66
Kleiber 17 ff., 48 ff., 89
Kleinspecht 84 f.
Klimaerwärmung 11 ff., 73 ff.
Kohlmeise 9 ff., 48 ff., 75
Kolibri 73
Kolkrabe 21, 31 ff., 91
Komitee gegen den Vogelmord 6
Kondition 14, 27 f., 48 ff.
Konkurrenz 9, 19 ff., 67
Körnerfresser 7 ff., 37 ff., 78

Kornweihe 27, 100
Körpertemperatur 26, 45, 57 f.
Krähen 34, 39 ff., 90 f.
Kranich 12 ff., 73 ff., 104
Krankheiten 17 f., 63

Lachmöwe 99
Lapplandmeise 69
Laubsänger 15 ff., 77, 96
LBV 5, 27
Lebendfutter 40, 54
Lerchen 10 ff., 71, 95 ff.

Magensteinchen 66
Mandschuren-Kranich 73
Margarine 41, 43
Mäusebussard 31, 101
Mauser 54 ff., 60, 84
Mehlwürmer 24 ff., 38 ff., 81 ff.
Meisen 12 ff., 48 ff., 75 ff.
Meisenknödel 7 ff., 51 ff.
Merlin 30, 104
Mikroklima 66, 103
Mischfutter 24, 42 ff., 60
Misteldrossel 86
Mittelspecht 9, 25, 85
Mönchsgeier 100
Mönchsgrasmücke 20 ff., 96
Moorschneehuhn 27
Möwen 62, 99

NABU 5 ff., 22, 64
Nahrungsangebot 13 ff., 58 ff., 102 f.
Nahrungsgrundlage 10 ff., 70, 102
Naturschutzverbände 4, 73
Nebelkrähe 91
Neuntöter 30
Nilgans 12
Nistgelegenheiten 14, 67
Nisthilfen 67
Nistkästen 8 ff., 48 ff.
Nistplätze 66 f.

Obst 9 ff., 38 ff., 66 ff.

Papageien 103
Parasiten 49 ff., 63 f., 73

Pflanzenöle 43
Pieper 44, 97
Pinguine 69
Polarbirkenzeisig 69

Rabenkrähe 91
Rabenvögel 19, 90 f.
Rallen 40, 98
Raubwürger 19, 23, 104
Rauhfußbussard 101
Rebhuhn 10, 94
Renaturierungsmaßnahmen 12, 70
Rettungsschirm für Vögel 12
Revier 19 ff., 45 ff., 88 f.
Rindertalg 31 ff., 42 f.
Ringdrossel 87
Ringeltaube 6, 30, 93
Rohrammer 25, 83, 97
Rohrdommel 104
Rostgans 12
Rotdrossel 87
Rote Listen 11 f., 70
Rothuhn 94
Rotkehlchen 19 ff., 67 ff., 88
Rotmilan 40, 101
Rotschwänze 44 ff., 67, 88

Saatkrähe 91
Salmonellen 26, 49, 63 f.
Sämereien 13 ff.
Schädlinge 67, 71
Schädlingsbekämpfung 17 f., 67
Schlafplätze 11, 66
Schleiereule 41, 104
Schneeammer 83
Schneefink 78
Schwanzmeise 39 ff., 70, 75 f.
Schwarzkehlchen 88
Schwarzmilan 101
Schwarzspecht 30 ff., 73, 84 f.
Schwarzstorch 12, 102
Seeadler 40, 73, 104
Seidenschwanz 18 ff., 87, 103
Siedlungsdichte 24, 28
Silberfasan 94
Silbermöwe 99
Silos 5 ff.

Singammer 24
Singdrossel 44 ff., 86 f., 97
Sommerfütterung 7, 57 f.
Sommergoldhähnchen 77
Sonnenblumenkerne 17 ff.
Spatz 11 ff., 51, 82 f.
Spechte 25 ff., 84 f., 104
Sperber 19 ff., 66, 100
Sperlinge 10 ff., 49 ff., 82
Spornammer 83
Stahlspirale 39, 55
Standardfutter 39, 42
Standvögel 13 ff., 69, 87 ff.
Star 10 ff., 59 ff., 92 ff.
Steinadler 104
Steinkauz 104
Stelzen 44, 97
Sterblichkeit 14, 27
Stieglitz 15 ff., 80
Stockente 103
Stoffwechsel 41, 45, 57
Störche 22 f., 101 f.
Streifengans 103
Streifgebiet 33
Streufutter, Winter- 35 ff., 51 ff.
Sturmmöwe 99
Sumpfmeise 31, 65, 75 f.

Tannenhäher 35, 90
Tannenmeise 23 ff., 52, 75 f.
Tauben 6, 43 ff., 93 ff.
Taubenhäuser 13, 34, 61 f.
Teichhuhn 35, 37, 98
Telemetrie 31, 32
Thermoregulation 58
Torpor 57
toter Vogel 49, 63
Tränke 36, 56 ff., 70
Trauerschnäpper 27 f.
Treibstoff, zum Fliegen 7, 51 ff., 69
Trichomonaden 64
Türkentaube 52, 61 f., 93
Turmfalke 100
Turteltaube 35, 93

Uhr, biologische 46, 57
Uhu 41
Usutu-Virus 64

Vogeldichte 24 ff., 54, 69
Vogelgrippe 49, 61 f., 71
Vogelschlag 29
Vogelschutzmaßnahmen 8, 65 ff.
Vogelschutzverbände 5, 22, 29
Vogelwarte Radolfzell 10 ff., 97 ff.
Vogelwarte Sempach 6

Wacholderdrossel 37, 87
Wachtel 94
Waldbaumläufer 89
Waldkauz 104
Waldohreule 104
Waldsänger 27
Waldschnepfe 104
Wanderfalke 30, 61 f., 104
Wasserralle 98
Wasservögel 61 ff., 71, 103
Watvögel 104
Weichfutter 39 ff., 75 ff.
Weichfutterfresser 77
Weidenmeise 23 ff., 65, 75
Weißstorch 22, 58 ff., 102
Wellensittich 64, 103
West-Nil-Virus 64
Wiederansiedlung 41
Wiesenpieper 39, 54, 97
Wildpflanzen, heimische 65
Winterflucht 33, 47
Winterfütterung 4 ff., 29 ff., 74
Wintergäste 21, 29, 47
Wintergoldhähnchen 30, 39, 77
Wohlstandsverwahrlosung 9, 25, 48 ff.

Zaunkönig 27 ff., 67 ff., 81
Zeisig 31 ff., 64, 78 f.
Zilpzalp 39, 96
Zitronenzeisig 78
Zufüttern 4 ff., 41 ff.
Zugstau 31, 59
Zugvögel 19 ff., 46 ff., 87 ff.
Zusatzfutter 27, 38 ff., 66 ff.
Zwergtaucher 30, 104

Danksagung

Wir danken der Hans und Helga-Maus-Stiftung, v. a. Herrn
Prof. Dr. H. Thümmel, Stuttgart, Frau Elisabeth und Herrn
Dr. Karl Walti, Mainz, sowie der Max-Planck-Gesellschaft
für die großzügige Unterstützung unserer Freilandunter-
suchungen zu Fragen der Vogelfütterung. Dank auch an die
Mitarbeiter des Kosmos-Verlags, insbesondere Frau Dipl.-
Biol. Bärbel Oftring und Frau Dipl.-Biol. Stefanie Tommes,
für die sehr gute und angenehme Zusammenarbeit. Vor
allem Frau Oftring hat sich mit großem persönlichen En-
gagement für die bestmögliche Ausrichtung des Buches
eingesetzt.

Impressum

Umschlaggestaltung von eStudio Calamar unter Verwendung von vier Aufnahmen von Frank Hecker. Das Foto auf
der Umschlagvorderseite zeigt ein Rotkehlchen. Auf der
Umschlagrückseite sind eine Blaumeise (li.), ein Kleiber
(Mi.) und ein Feldsperling (re.) zu sehen.

Mit 147 Farbfotos, 8 Farb- und 3 Schwarzweißgrafiken

Die Fotos stammen von Beate Alberternst und Stefan Naw-
rath (S. 68 re.), Andreas Allgaier (S. 104), Blickwinkel / Huet-
ter (S. 63), CJ WildBird Foods Ltd, Großbritannien (S. 34 o.,
38, 70), Stefan Cölsch (S. 61 u.), Manfred Danegger (S. 21 u.,
75 o., 75 Mi., 82 Mi., 85 o.re., 86 u., 90 o.), Michael und
Peter Depkat (S. 59), Andreas Donath (S. 56), Fotonatur.de /
Frank Derer (S. 92 u.), Fotonatur.de / Holger Duty (S. 6 li., 21
o.), Fotonatur.de / Sönke Morsch (S. 6 re., 7, 26, 47, 87 o.re.),
Frank Hecker (S. 1, 4, 5, 8, 12, 13, 14, 17, 22, 23 u., 24, 29, 33,
37, 41, 42, 44 o., 46, 51, 61 o., 68 li., 72, 78 u., 79 u.re., 81 Mi.
re., 84, 88 o., 97 u., 99 u., 103 o., 103 u.re.), Werner Layer
(S. 77 o.), Alfred Limbrunner (S. 16 u., 19, 31 beide, 35, 36, 43,
44 u., 48 u., 50, 74, 77 u., 79 o.li., 79 o.re., 79 u.li., 80 o.re.,
80 u.li, 80 u.re, 81 o., 81 u., 82 o., 82 u., 83 u., 85 o.li., 86 o.,
87 o.li., 88 li., 89 u., 90 li., 91 o.li., 91 o.re., 91 u., 94 u., 95 u.,
96 li., 97 o., 98 beide, 100 u., 101 beide, 103 u.li.), Mestel/
Hecker (S. 100 o.), Sauer/Hecker (S. 99 o.), Norbert Schnor-
renberg (S. 27), Richard Schöne (S. 2/3, 57, 60), Peter Zeinin-
ger (S. 15, 20, 75 u., 76 alle, 78 o., 80 o.li., 83 o., 85 u., 87 u.,
88 re., 89 o., 90 re., 91 o.re., 92 o., 93 beide, 94 o., 95 o., 96
re.,), Rudolf Schmidt (S. 9, 16 u., 23 o., 25, 28, 30 beide, 40,
62, 73), Fredrik Widemo (S. 48 o.), alle übrigen Fotos stammen von den Autoren.

Die Farbgrafiken stammen von Wolfgang Lang, Grafenau,
die Schwarzweißgrafiken von Herbert Biebach, MPI für
Ornithologie, Andechs.

Unser gesamtes lieferbares Programm und viele
weitere Informationen zu unseren Büchern,
Spielen, Experimentierkästen, DVDs, Autoren und
Aktivitäten finden Sie unter **kosmos.de**

3. Auflage
© 2012 Franckh-Kosmos Verlags-GmbH & Co. KG, Stuttgart
Alle Rechte vorbehalten
ISBN: 978-3-440-13178-7
Projektleitung: Stefanie Tommes
Lektorat: Bärbel Oftring
Grundlayout: eStudio Calamar
Satz: DOPPELPUNKT, Stuttgart
Produktion: Markus Schärtlein
Printed in Italy / Imprimé en Italie

Wo ein kritischer Artenschwund zu verzeichnen ist, sollte eine Vielzahl von Maßnahmen umgesetzt werden. Mit der ganzjährigen Vogelfütterung kann jeder Einzelne im eigenen Garten oder in städtischen Parks etwas für die Vogelwelt tun.

Setzten sich stets für den Schutz der Vogelwelt ein: Tierfilmer und Stifter Heinz Sielmann († 2006) und Ornithologe Prof. Dr. Peter Berthold, hier am neu entstandenen Heinz-Sielmann-Weiher in Billafingen

GANZJÄHRIG
FÜTTERN + HELFEN

Gleichzeitig ist es notwendig, Renaturierungs- und Biotop verbessernde Maßnahmen flächendeckend und möglichst bundesweit einzuleiten. Ziel ist es, verloren gegangene Lebensräume neu zu schaffen und mit noch vorhandenen zu vernetzen. So werden die Lebensgrundlagen noch existierender Arten gesichert und die Wiederbesiedlung durch lokal bereits ausgestorbene Tiere und Pflanzen ermöglicht. Gerade die Heinz Sielmann Stiftung hat mit den Sielmanns Naturlandschaften und mit dem von Prof. Berthold betreuten Biotopverbund Bodensee stets die Sicherung von Refugien für bedrohte Arten im Auge gehabt. Die Heinz Sielmann Stiftung hat die nötige Erfahrung und das Wissen, derartige Projekte umzusetzen.

Sie haben Fragen zu diesem Projekt?
Wir informieren Sie gerne:
Heinz Sielmann Stiftung
Gut Herbigshagen
37115 Duderstadt
Tel. 05527 914-0
e-Mail: info@sielmann-stiftung.de
www.sielmann-stiftung.de

Bitte unterstützen Sie uns dabei, Natur zu bewahren.
Spendenkonto 323
Sparkasse Duderstadt
BLZ 260 512 60

Vielen Dank!

Die Heinz Sielmann Stiftung realisiert seit dem Jahr 2004 auf einer Fläche von rund 500 Quadratkilometern nach und nach das aus etwa 100 Einzelmaßnahmen bestehende Projekt „Sielmanns Biotopverbund Bodensee".

Hierdurch soll der vehemente Artenschwund bei Tieren, Pflanzen und insbesondere in der Vogelwelt gestoppt und eine Trendwende eingeleitet werden. Das Pilotprojekt ist der „Billafinger Weiher", der heutige „Heinz-Sielmann-Weiher", in der Bodensee-Gemeinde Owingen. Hier entstand durch Aushub von 20 000 Kubikmetern Erdreich ein Teich von 1,3 Hektar Fläche.

In den neu eingerichteten Feuchtgebieten wurden bereits vom Aussterben bedrohte Arten wie Raubwürger oder Drosselrohrsänger gesichtet. Vor dem Bau des „Heinz-Sielmann-Weihers" im Jahre 2004 konnten in „Sielmanns Biotopverbund Bodensee" 115 Vogelarten nachgewiesen werden. Diese Zahl ist bislang jährlich angestiegen auf derzeit 171 nachgewiesene Arten, davon sind sogar 11 Arten als neue Brutvögel dazu gekommen.

Die Idee dieses Biotopverbundes soll nun sukzessive auch auf andere Regionen übertragen werden. Auch hierfür wirbt die Kampagne der Heinz Sielmann Stiftung.

KOSMOS.
Die Natur entdecken.

Was fliegt denn da?

Der Fotoband zeigt bei jeder Art neben einem großen Hauptbild ein Zusatzfoto des fliegenden Vogels, eine Verbreitungskarte und eine Zeichnung. Und das Beste: Dieses Buch ist vertingt! Direkt bei jeder Art ist die Vogelstimme mit dem Ting-Hörstift abrufbar.

Detlef Singer | Was fliegt denn da? Der Fotoband
400 S., 1.492 Abb., €/D 12,95

Ein Jahreszeitenbuch

Wie kann man Vögel am besten beobachten? Wie mischt man gesundes Vogelfutter? Wie baut man ein artgerechtes Vogelhäuschen? Spannende Informationen zur Vogelwelt und viele Tipps zum Ausprobieren und Selbermachen lassen Kinder spielerisch zu Vogelexperten werden.

Bärbel Oftring | Mit Spatz und Star durchs Jahr
64 S., 90 Abb., €/D 9,99

Preisänderung vorbehalten

kosmos.de